4.2.5 制作餐饮广告

4.3.5 制作时尚戒指广告

4.4 制作促销广告

5.1 制作温馨生活照片

5.1.5 制作情侣照片电子相册

5.2 制作浪漫婚纱相册

5.2.5 制作沙滩风景相册

5.3 制作儿童电子相册

5.4 制作城市影集

6.1.5 制作英文歌曲 MTV

6.2 制作英文诗歌教学片头

6.2.5 制作面包房宣传片

6.3 制作美味蛋糕

6.4 制作公益系列宣传片

6.5 制作动画片片头

7.1 制作化妆品网页

7.1.5 制作房地产网页

7.4 制作教育网页

8.1 制作脑筋急转弯问答题

8.1.5 制作西餐厅知识问答

8.2 制作飞舞的蒲公英

8.2.5 制作飘落效果

8.3 制作美食知识问答

8.4 制作飞舞的蝴蝶

9.1 制作春节贺卡

9.2 制作音乐广告

9.3 制作旅行相册

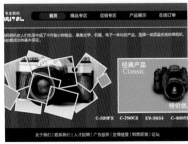

9.4 制作数码产品网页

9.5 制作打地鼠游戏

中等职业教育数字艺术类规划教材

边做边学

Flash CS5

动漫制作案例教程

| 王世宏 主编 | 孙金森 束芬琴 蔺抗洪 副主编 |

人民邮电出版社

北京

图书在版编目（CIP）数据

Flash CS5动漫制作案例教程 / 王世宏主编. -- 北京：人民邮电出版社，2014.6（2019.12重印）
（边做边学）
中等职业教育数字艺术类规划教材
ISBN 978-7-115-35068-8

Ⅰ. ①F… Ⅱ. ①王… Ⅲ. ①动画制作软件—中等专业学校—教材 Ⅳ. ①TP391.41

中国版本图书馆CIP数据核字(2014)第051286号

内 容 提 要

本书全面系统地介绍 Flash CS5 的基本操作方法和网页动画的制作技巧，并对其在网络设计领域的应用做了深入的介绍，包括初识 Flash CS5、卡片设计、标志制作、广告设计、电子相册、节目片头与 MTV、网页应用、组件与游戏和综合设计实训等内容。

本书内容的介绍均以课堂实训案例为主线，通过案例的操作，学生可以快速熟悉案例的设计理念。书中的软件相关功能解析部分可以使学生深入学习软件功能，课堂实战演练和课后综合演练可以提高学生的实际应用能力。在本书的最后一章，精心安排了专业设计公司的 5 个综合设计实训案例，力求通过这些案例的制作，提高学生的艺术设计创意能力。本书配套光盘中包含了书中所有案例的素材及效果文件，以利于教师授课，学生练习。

本书可作为中等职业学校数字艺术类专业 Flash CS5 课程的教材，也可供相关人员学习参考。

◆ 主　　编　王世宏
　　副 主 编　孙金森　束芬琴　蔺抗洪
　　责任编辑　王　平
　　责任印制　焦志炜

◆ 人民邮电出版社出版发行　　北京市丰台区成寿寺路 11 号
　　邮编　100164　电子邮件　315@ptpress.com.cn
　　网址　http://www.ptpress.com.cn
　　固安县铭成印刷有限公司印刷

◆ 开本：787×1092　1/16　　　彩插：1
　　印张：14.25　　　　　　　2014 年 6 月第 1 版
　　字数：368 千字　　　　　2019 年 12 月河北第 12 次印刷

定价：39.80 元（附光盘）
读者服务热线：(010)81055256　印装质量热线：(010)81055316
反盗版热线：(010)81055315

前　言

Flash 是由 Adobe 公司开发的网页动画制作软件。它功能强大、易学易用，深受网页制作者和动画设计人员的喜爱，已经成为这一领域最流行的软件之一。目前，我国很多中等职业学校的数字艺术类专业都将 Flash 列为一门重要的专业课程。为了帮助中等职业学校的教师全面、系统地讲授这门课程，使学生能够熟练地使用 Flash 来进行动画设计。

根据中等职业学校的教学方向和教学特色，我们对本书的编写体系做了精心的设计。全书根据 Flash 在设计领域的应用方向共分为 9 章，每章按照"课堂实训案例—软件相关功能—课堂实战演练—课后综合演练"这一思路进行编排，力求通过课堂实训案例演练，使学生快速熟悉艺术设计理念和软件功能，通过软件相关功能解析使学生深入学习软件功能，通过课堂实战演练和课后综合演练提高学生的实际应用能力，在本书的最后一章，精心安排了专业设计公司的 5 个综合设计实训案例，力求通过这些案例的制作，提高学生的艺术设计创意能力。

在内容编写方面，我们力求细致全面、重点突出；在文字叙述方面，我们注意言简意赅、通俗易懂；在案例选取方面，我们强调案例的针对性和实用性。

本书配套光盘中包含了书中所有案例的素材及效果文件。另外，为方便教师教学，本书配备了详尽的课堂实战演练和课后综合演练的操作步骤文稿、PPT 课件、教学大纲、商业实训案例文件等丰富的教学资源，任课教师可登录人民邮电出版社教学服务与资源网（www.ptpedu.com.cn）免费下载使用。本书的参考学时为 49 学时，各章的参考学时参见下面的学时分配表。

章　节	课 程 内 容	课 时 分 配
第 1 章	初识 Flash CS5	4
第 2 章	卡片设计	6
第 3 章	标志制作	5
第 4 章	广告设计	6
第 5 章	电子相册	6
第 6 章	节目片头与 MTV	7
第 7 章	网页应用	5
第 8 章	组件与游戏	5
第 9 章	综合设计实训	5
课 时 总 计		49

本书由王世宏任主编，孙金森、束芬琴和蔺抗洪任副主编。参与本书编写工作的还有周志平、葛润平、张旭、吕娜、孟娜、张敏娜、张丽丽、邓雯、薛正鹏、王攀、陶玉、陈东生、周亚宁、程磊、房婷婷等。

由于编者水平有限，书中难免存在疏漏和不妥之处，敬请广大读者批评指正。

编　者
2014 年 2 月

目　　录

第 1 章　初识 Flash CS5

➔ 1.1　界面操作·····················1
 1.1.1　【操作目的】·············1
 1.1.2　【操作步骤】·············1
 1.1.3　【相关工具】·············2
  1. 菜单栏····················2
  2. 主工具栏·················3
  3. 工具箱····················3
  4. 时间轴····················5
  5. 场景和舞台·············6
  6. "属性" 面板·············7
  7. 浮动面板·················7

➔ 1.2　文件设置·····················7
 1.2.1　【操作目的】·············7
 1.2.2　【操作步骤】·············7
 1.2.3　【相关工具】·············9
  1. 新建文件·················9
  2. 打开文件·················9
  3. 保存文件················10
  4. 输出影片格式··········11

第 2 章　卡片设计

➔ 2.1　绘制时尚卡片············14
 2.1.1　【案例分析】···········14
 2.1.2　【设计理念】···········14
 2.1.3　【操作步骤】···········14
  1. 绘制背景与波浪·······14
  2. 绘制卡通树············16

 2.1.4　【相关工具】···········17
  1. 选择工具···············17
  2. 线条工具···············19
  3. 矩形工具···············19
  4. 铅笔工具···············20
  5. 椭圆工具···············21
  6. 刷子工具···············21
  7. 钢笔工具···············22
  8. 多角星形工具·········23
  9. 颜料桶工具············24
  10. 渐变变形工具········25
  11. "颜色" 面板··········26
  12. 任意变形工具········27
  13. 图层的设置··········28
  14. 组合对象············31
  15. 导入图像素材·······32
 2.1.5　【实战演练】绘制度假卡···34

➔ 2.2　绘制新春卡片············35
 2.2.1　【案例分析】···········35
 2.2.2　【设计理念】···········35
 2.2.3　【操作步骤】···········35
  1. 导入素材绘制头部图形···35
  2. 绘制五官和身体·······37
 2.2.4　【相关工具】···········40
  1. 滴管工具···············40
  2. 柔化填充边缘·········42
  3. 橡皮擦工具············43
  4. 自定义位图填充·······44
 2.2.5　【实战演练】绘制婚礼卡········45

2.3 综合演练——
绘制圣诞贺卡 ……………… 45
2.3.1 【案例分析】 …………… 45
2.3.2 【设计理念】 …………… 45
2.3.3 【知识要点】 …………… 46
2.4 综合演练——
绘制彩虹贺卡 ……………… 46
2.4.1 【案例分析】 …………… 46
2.4.2 【设计理念】 …………… 46
2.4.3 【知识要点】 …………… 46

第 3 章 标志制作

3.1 绘制啤酒标志 ……………… 47
3.1.1 【案例分析】 …………… 47
3.1.2 【设计理念】 …………… 47
3.1.3 【操作步骤】 …………… 47
3.1.4 【相关工具】 …………… 49
1. 创建文本 …………… 49
2. 文本属性 …………… 50
3.1.5 【实战演练】制作变形文字… 56
3.2 制作化妆品网页标志 ……… 56
3.2.1 【案例分析】 …………… 56
3.2.2 【设计理念】 …………… 56
3.2.3 【操作步骤】 …………… 56
1. 输入文字 …………… 56
2. 删除笔画 …………… 57
3. 钢笔绘制路径 ……… 57
4. 铅笔绘制 …………… 58
5. 添加花朵图案 ……… 58
6. 添加底图 …………… 59
3.2.4 【相关工具】 …………… 60
1. 套索工具 …………… 60
2. 部分选取工具 ……… 61
3. "变形"面板 ………… 63
3.2.5 【实战演练】制作时尚网络
标志 ……………………… 65
3.3 综合演练——制作
网络公司网页标志 ………… 65
3.3.1 【案例分析】 …………… 65
3.3.2 【设计理念】 …………… 65
3.3.3 【知识要点】 …………… 65
3.4 综合演练——制作
传统装饰图案网页标志 …… 66
3.4.1 【案例分析】 …………… 66
3.4.2 【设计理念】 …………… 66
3.4.3 【知识要点】 …………… 66

第 4 章 广告设计

4.1 制作葡萄酒广告 …………… 67
4.1.1 【案例分析】 …………… 67
4.1.2 【设计理念】 …………… 67
4.1.3 【操作步骤】 …………… 67
4.1.4 【相关工具】 …………… 68
1. 将位图转换为矢量图 … 68
2. 测试动画 …………… 70
4.1.5 【实战演练】制作演唱会广告· 70
4.2 制作摄像机广告 …………… 70
4.2.1 【案例分析】 …………… 70
4.2.2 【设计理念】 …………… 71
4.2.3 【操作步骤】 …………… 71
4.2.4 【相关工具】 …………… 72
1. 导入视频素材 ……… 72
2. 视频的属性 ………… 74
3. 在"时间轴"面板中
设置帧 ……………… 74
4.2.5 【实战演练】制作餐饮广告 … 74

4.3 制作健身舞蹈广告⋯⋯⋯75
4.3.1 【案例分析】⋯⋯⋯⋯ 75
4.3.2 【设计理念】⋯⋯⋯⋯ 75
4.3.3 【操作步骤】⋯⋯⋯⋯ 75
1. 导入图片并制作
人物动画⋯⋯⋯⋯ 75
2. 制作影片剪辑元件⋯⋯ 76
3. 制作动画效果⋯⋯⋯ 77
4.3.4 【相关工具】⋯⋯⋯⋯ 78
1. 创建传统补间⋯⋯⋯ 78
2. 创建补间形状⋯⋯⋯ 81
3. 逐帧动画⋯⋯⋯⋯⋯ 83
4. 创建图形元件⋯⋯⋯ 84
5. 创建按钮元件⋯⋯⋯ 84
6. 创建影片剪辑元件⋯⋯ 86
7. 改变实例的颜色
和透明度⋯⋯⋯⋯ 88
4.3.5 【实战演练】制作时尚戒指
广告⋯⋯⋯⋯⋯⋯⋯⋯ 90

4.4 综合演练——
制作促销广告⋯⋯⋯⋯90
4.4.1 【案例分析】⋯⋯⋯⋯ 90
4.4.2 【设计理念】⋯⋯⋯⋯ 90
4.4.3 【知识要点】⋯⋯⋯⋯ 90

4.5 综合演练——
制作邀请赛广告⋯⋯⋯91
4.5.1 【案例分析】⋯⋯⋯⋯ 91
4.5.2 【设计理念】⋯⋯⋯⋯ 91
4.5.3 【知识要点】⋯⋯⋯⋯ 91

第5章 电子相册

5.1 制作温馨生活照片⋯⋯⋯92
5.1.1 【案例分析】⋯⋯⋯⋯ 92
5.1.2 【设计理念】⋯⋯⋯⋯ 92

5.1.3 【操作步骤】⋯⋯⋯⋯ 92
1. 导入图片并制作
小照片按钮⋯⋯⋯ 92
2. 在场景中确定
小照片的位置⋯⋯⋯ 95
3. 输入文字并制作
大照片按钮⋯⋯⋯ 96
4. 在场景中确定
大照片的位置⋯⋯⋯ 98
5. 添加动作脚本⋯⋯ 105
5.1.4 【相关工具】⋯⋯⋯ 107
1. "动作"面板⋯⋯⋯ 107
2. 数据类型⋯⋯⋯⋯ 108
3. 语法规则⋯⋯⋯⋯ 109
4. 变量⋯⋯⋯⋯⋯⋯ 111
5. 函数⋯⋯⋯⋯⋯⋯ 112
6. 表达式和运算符⋯ 112
5.1.5 【实战演练】制作情侣照片
电子相册⋯⋯⋯⋯⋯ 113

5.2 制作浪漫婚纱相册⋯⋯⋯113
5.2.1 【案例分析】⋯⋯⋯ 113
5.2.2 【设计理念】⋯⋯⋯ 113
5.2.3 【操作步骤】⋯⋯⋯ 113
1. 导入图片⋯⋯⋯⋯ 113
2. 绘制按钮图形
并添加脚本语言⋯ 114
3. 制作浏览照片效果⋯ 117
5.2.4 【相关工具】⋯⋯⋯ 119
1. "对齐"面板⋯⋯⋯ 119
2. 翻转对象⋯⋯⋯⋯ 120
3. 遮罩层⋯⋯⋯⋯⋯ 120
4. 动态遮罩动画⋯⋯ 121
5. 播放和停止动画⋯ 123
5.2.5 【实战演练】制作沙滩
风景相册⋯⋯⋯⋯⋯ 125

5.3　综合演练——
　　制作儿童电子相册 ……… 126

　5.3.1　【案例分析】 ……… 126

　5.3.2　【设计理念】 ……… 126

　5.3.3　【知识要点】 ……… 126

5.4　综合演练——
　　制作城市影集 ……… 126

　5.4.1　【案例分析】 ……… 126

　5.4.2　【设计理念】 ……… 127

　5.4.3　【知识要点】 ……… 127

第 6 章　节目片头与 MTV

6.1　制作卡通歌曲 MTV……… 128

　6.1.1　【案例分析】 ……… 128

　6.1.2　【设计理念】 ……… 128

　6.1.3　【操作步骤】 ……… 128

　　1．导入图片并制作
　　　图形元件 ……… 128

　　2．制作影片剪辑元件 ……… 131

　　3．制作动物动画 ……… 133

　　4．制作色块动画 ……… 134

　　5．制作音乐符装饰 ……… 137

　　6．制作动画效果 ……… 139

　6.1.4　【相关工具】 ……… 140

　　1．导入声音素材
　　　并添加声音 ……… 140

　　2．"属性"面板 ……… 141

　6.1.5　【实战演练】制作
　　　英文歌曲 MTV ……… 142

6.2　制作英文诗歌教学片头 … 142

　6.2.1　【案例分析】 ……… 142

　6.2.2　【设计理念】 ……… 142

　6.2.3　【操作步骤】 ……… 143

　　1．导入图形并制作动画 ……… 143

　　2．制作 class 文字动画 ……… 147

　　3．制作 G 图形动画 ……… 148

　　4．制作 Good 文字动画 ……… 149

　6.2.4　【相关工具】 ……… 152

　6.2.5　【实战演练】制作面包房
　　　宣传片 ……… 155

6.3　制作美味蛋糕 ……………… 155

　6.3.1　【案例分析】 ……… 155

　6.3.2　【设计理念】 ……… 156

　6.3.3　【操作步骤】 ……… 156

　　1．导入素材
　　　并制作热气图形 ……… 156

　　2．制作搅拌器搅拌
　　　和钟表效果 ……… 157

　　3．制作添加面粉
　　　和打鸡蛋效果 ……… 158

　　4．制作烤蛋糕效果 ……… 160

　6.3.4　【相关工具】 ……… 164

　6.3.5　【实战演练】制作时装节目
　　　包装片头 ……… 166

6.4　综合演练——
　　制作公益系列宣传片 ……… 166

　6.4.1　【案例分析】 ……… 166

　6.4.2　【设计理念】 ……… 166

　6.4.3　【知识要点】 ……… 166

6.5　综合演练——
　　制作动画片片头 …………… 167

　6.5.1　【案例分析】 ……… 167

　6.5.2　【设计理念】 ……… 167

　6.5.3　【知识要点】 ……… 167

第 7 章　网页应用

7.1　制作化妆品网页 ………… 168

　7.1.1　【案例分析】 ……… 168

7.1.2 【设计理念】……………168

7.1.3 【操作步骤】……………168

　　1. 绘制标签…………………168

　　2. 制作影片剪辑……………170

　　3. 制作场景动画……………174

7.1.4 【相关工具】……………174

7.1.5 【实战演练】制作

　　房地产网页………………175

7.2 制作VIP登录界面………175

7.2.1 【案例分析】……………175

7.2.2 【设计理念】……………175

7.2.3 【操作步骤】……………176

　　1. 导入素材并制作按钮…176

　　2. 添加动作脚本……………177

7.2.4 【相关工具】……………180

　　1. 输入文本…………………180

　　2. 添加使用命令……………180

7.2.5 【实战演练】制作

　　会员登录界面……………183

7.3 综合演练——

　　制作精品购物网页………184

7.3.1 【案例分析】……………184

7.3.2 【设计理念】……………184

7.3.3 【知识要点】……………184

7.4 综合演练——

　　制作教育网页……………184

7.4.1 【案例分析】……………184

7.4.2 【设计理念】……………184

7.4.3 【知识要点】……………184

第8章 组件与游戏

8.1 制作脑筋急转弯问答题…185

8.1.1 【案例分析】……………185

8.1.2 【设计理念】……………185

8.1.3 【操作步骤】……………185

　　1. 导入素材

　　制作按钮元件……………185

　　2. 制作动画…………………186

8.1.4 【相关工具】……………193

8.1.5 【实战演练】制作

　　西餐厅知识问答…………195

8.2 制作飞舞的蒲公英………195

8.2.1 【案例分析】……………195

8.2.2 【设计理念】……………195

8.2.3 【操作步骤】……………196

　　1. 导入图片…………………196

　　2. 制作蒲公英………………196

　　3. 添加文字…………………198

8.2.4 【相关工具】……………199

　　1. 普通引导层………………199

　　2. 运动引导层………………200

8.2.5 【实战演练】制作飘落效果…202

8.3 综合演练——

　　制作美食知识问答………202

8.3.1 【案例分析】……………202

8.3.2 【设计理念】……………203

8.3.3 【知识要点】……………203

8.4 综合演练——

　　制作飞舞的蝴蝶…………203

8.4.1 【案例分析】……………203

8.4.2 【设计理念】……………203

8.4.3 【知识要点】……………203

第9章 综合设计实训

9.1 卡片设计——

　　制作春节贺卡……………204

9.1.1 【项目背景及要求】………204

　　1. 客户名称…………………204

2．客户需求 ·····················204

3．设计要求 ·····················204

9.1.2 【项目创意及制作】 ·········205

1．设计素材 ·····················205

2．设计作品 ·····················205

3．步骤提示 ·····················205

9.2 广告设计——
制作音乐广告 ·················206

9.2.1 【项目背景及要求】 ·········206

1．客户名称 ·····················206

2．客户需求 ·····················206

3．设计要求 ·····················206

9.2.2 【项目创意及制作】 ·········206

1．设计素材 ·····················206

2．设计作品 ·····················207

3．步骤提示 ·····················207

9.3 电子相册——
制作旅行相册 ·················208

9.3.1 【项目背景及要求】 ·········208

1．客户名称 ·····················208

2．客户需求 ·····················208

3．设计要求 ·····················208

9.3.2 【项目创意及制作】 ·········209

1．设计素材 ·····················209

2．设计作品 ·····················209

3．步骤提示 ·····················209

9.4 网页应用——
制作数码产品网页 ·········212

9.4.1 【项目背景及要求】 ·········212

1．客户名称 ·····················212

2．客户需求 ·····················212

3．设计要求 ·····················213

9.4.2 【项目创意及制作】 ·········213

1．设计素材 ·····················213

2．设计作品 ·····················213

3．步骤提示 ·····················213

9.5 组件与游戏——
制作打地鼠游戏 ·············215

9.5.1 【项目背景及要求】 ·········215

1．客户名称 ·····················215

2．客户需求 ·····················215

3．设计要求 ·····················215

9.5.2 【项目创意及制作】 ·········215

1．设计素材 ·····················215

2．设计作品 ·····················215

3．步骤提示 ·····················216

第1章 初识 Flash CS5

本章将详细介绍 Flash CS5 的基础知识和基本操作。读者通过本章的学习，可对 Flash CS5 有初步的认识和了解，并能够掌握软件的基本操作方法和应用技巧，为以后的学习打下一个坚实的基础。

课堂学习目标

- 掌握工作界面的基本操作
- 掌握设置文件的基本方法

1.1 界面操作

1.1.1 【操作目的】

通过打开文件和取消组合熟悉菜单栏的操作，通过选取图形和改变图形的大小熟悉工具箱中工具的使用方法，通过改变图形的颜色熟悉控制面板的使用方法。

1.1.2 【操作步骤】

步骤 1 打开 Flash 软件，选择"文件 > 打开"命令，弹出"打开"对话框。选择光盘中的"Ch01 > 效果 > 绘制购物招贴"文件，单击"打开"按钮打开文件，如图 1-1 所示，显示 Flash 的软件界面。

步骤 2 选择"文件 > 导入 > 导入到舞台"命令，弹出"导入"对话框。选择光盘中的"Ch01 > 素材 > 绘制购物招贴 > 02"文件，单击"打开"按钮，图形被导入到舞台窗口中，"时间轴"面板中生成新的图层，如图 1-2 所示。

步骤 3 选择右侧工具箱中的"任意变形"工具 ，选中人物图形，拖曳控制点，改变人物图形的大小。选择"选择"工具，移动图形到适当的位置，效果如图 1-3 所示。多次按 Ctrl+B 组合键将其打散，效果如图 1-4 所示。

步骤 4 在舞台窗口中的空白处单击鼠标，取消对图形的选择。选择人物的衣服图形，按 Shift+F9 组合键调出"颜色"面板，输入新的颜色值（#15EAC9），如图 1-5 所示。人物衣服的颜色发生改变，在舞台窗口的空白处单击鼠标，效果如图 1-6 所示。

步骤 5 按 Ctrl+S 组合键保存文件。

图 1-1

图 1-2

图 1-3

图 1-4

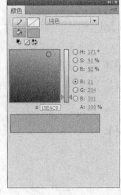

图 1-5

图 1-6

1.1.3 【相关工具】

1. 菜单栏

Flash CS5 的菜单栏依次分为："文件"菜单、"编辑"菜单、"视图"菜单、"插入"菜单、"修改"菜单、"文本"菜单、"命令"菜单、"控制"菜单、"调试"菜单、"窗口"菜单及"帮助"菜单，如图 1-7 所示。

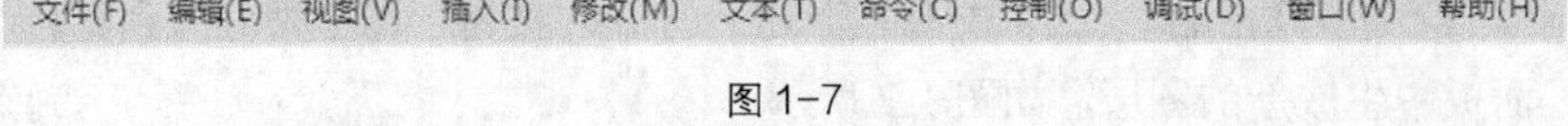

| 文件(F) | 编辑(E) | 视图(V) | 插入(I) | 修改(M) | 文本(T) | 命令(C) | 控制(O) | 调试(D) | 窗口(W) | 帮助(H) |

图 1-7

"文件"菜单：主要功能是创建、打开、保存、打印、输出动画，以及导入外部图形、图像、声音、动画文件，以便在当前动画中使用。

"编辑"菜单：主要功能是对舞台上的对象以及帧进行选择、复制、粘贴，以及自定义面板、设置参数等。

"视图"菜单：主要功能是进行环境的设置。

"插入"菜单：主要功能是向动画中插入对象。

"修改"菜单：主要功能是修改动画中的对象。

"文本"菜单：主要功能是修改文字的外观、对齐以及对文字进行拼写检查等。

"命令"菜单：主要功能是保存、查找、运行命令。

"控制"菜单：主要功能是测试、播放动画。

"调试"菜单：主要功能是启动调试器，检查和修改变量的值，让程序运行到某个定点然后停止等。

"窗口"菜单：主要功能是控制各功能面板是否显示以及面板的布局设置。

"帮助"菜单：主要功能是提供 Flash CS5 在线帮助信息和支持站点的信息，包括教程和 ActionScript 帮助。

2. 主工具栏

为方便用户使用，Flash CS5 将一些常用命令以按钮的形式组织在一起，置于操作界面的上方。主工具栏中包含"新建"按钮、"打开"按钮、"转到 Bridge"按钮、"保存"按钮、"打印"按钮、"剪切"按钮、"复制"按钮、"粘贴"按钮、"撤销"按钮、"重做"按钮、"贴紧至对象"按钮、"平滑"按钮、"伸直"按钮、"旋转与倾斜"按钮、"缩放"按钮及"对齐"按钮，如图1-8所示。

图 1-8

选择"窗口 > 工具栏 > 主工具栏"命令，可以调出主工具栏，还可以通过拖曳鼠标指针来改变工具栏的位置。

"新建"按钮 ：新建一个 Flash 文件。

"打开"按钮 ：打开一个已存在的 Flash 文件。

"转到 Bridge"按钮 ：用于打开文件浏览窗口，从中可以对文件进行浏览和选择。

"保存"按钮 ：保存当前正在编辑的文件，不退出编辑状态。

"打印"按钮 ：将当前编辑的内容送至打印机输出。

"剪切"按钮 ：将选中的内容剪切到系统剪贴板中。

"复制"按钮 ：将选中的内容复制到系统剪贴板中。

"粘贴"按钮 ：将剪贴板中的内容粘贴到选定的位置。

"撤销"按钮 ：取消前面的操作。

"重做"按钮 ：还原被取消的操作。

"贴紧至对象"按钮 ：单击此按钮进入贴紧状态，用于绘图时调整对象，以便准确定位，设置动画路径时能自动粘连。

"平滑"按钮 ：使曲线或图形的外观更光滑。

"伸直"按钮 ：使曲线或图形的外观更平直。

"旋转与倾斜"按钮 ：改变舞台对象的旋转角度和倾斜变形。

"缩放"按钮 ：改变舞台中对象的大小。

"对齐"按钮 ：调整舞台中多个选中对象的对齐方式。

3. 工具箱

工具箱中提供了用于图形绘制和编辑的各种工具，分为"工具"、"查看"、"颜色"、"选项"4

个功能区，如图1-9所示。选择"窗口 > 工具"命令或按 Ctrl+F2 组合键，可以调出工具箱。

◎ "工具"区

"工具"区用于提供选择、创建、编辑图形的工具。

"选择"工具：选择和移动舞台上的对象，改变对象的大小和形状等。

"部分选取"选取工具：抓取、选择、移动和改变形状路径。

"任意变形"工具：对舞台上选定的对象进行缩放、扭曲、旋转变形。

"渐变变形"工具：对舞台上选定的对象填充渐变色变形。

"3D 旋转"工具：可以在 3D 空间中旋转影片剪辑实例。在使用该工具选择影片剪辑后，3D 旋转控件出现在选定对象之上。x 轴为红色，y 轴为绿色，z 轴为蓝色。使用橙色的自由旋转控件可同时绕 x 轴和 y 轴旋转。

"3D 平移"工具：可以在 3D 空间中移动影片剪辑实例。在使用该工具选择影片剪辑后，影片剪辑的 x、y 和 z 3 个轴将显示在舞台上对象的顶部。x 轴为红色、y 轴为绿色、z 轴为黑色。应用此工具可以将影片剪辑分别沿着 x 轴、y 轴或 z 轴进行平移。

图 1-9

"套索"工具：在舞台上选择不规则的区域或多个对象。

"钢笔"工具：绘制直线和光滑的曲线，调整直线长度、角度、曲线曲率等。

"文本"工具：创建、编辑字符对象和文本窗体。

"线条"工具：绘制直线段。

"矩形"工具：绘制矩形矢量色块或图形。

"椭圆"工具：绘制椭圆形、圆形矢量色块或图形。

"基本矩形"工具：绘制基本矩形，此工具用于绘制图元对象。图元对象是允许用户在属性面板中调整其特征的形状。可以在创建形状之后，精确地控制形状的大小、边角半径以及其他属性，而无须从头开始绘制。

"基本椭圆"工具：绘制基本椭圆形，此工具用于绘制图元对象。图元对象是允许用户在属性面板中调整特征的形状。可以在创建形状之后，精确地控制形状的开始角度、结束角度、内径以及其他属性，而无须从头开始绘制。

"多角星形"工具：绘制等比例的多边形（单击"矩形"工具将弹出"多角星形"工具）。

"铅笔"工具：绘制任意形状的矢量图形。

"刷子"工具：绘制任意形状的矢量色块或图形。

"喷涂刷"工具：可以一次性地将形状图案"刷"到舞台上。默认情况下，喷涂刷使用当期选定的填充颜色喷射粒子点。也可以使用喷涂刷工具将影片剪辑或图形元件作为图案应用。

"Deco"工具：可以对舞台上的选定对象应用效果。在选择 Deco 工具后可以从属性面板中选择要应用的效果样式。

"骨骼"工具：可以向影片剪辑、图形和按钮实例添加 IK 骨骼。

"绑定"工具：可以编辑单个骨骼和形状控制点之间的链接。

"颜料桶"工具：改变色块的颜色。

"墨水瓶"工具：改变矢量线段、曲线、图形边框线的颜色。

"滴管"工具：将舞台图形的属性赋予当前绘图工具。

"橡皮擦"工具：擦除舞台上的图形。

◎ "查看"区

"查看"区用于改变舞台画面以便更好地进行观察。

"手形"工具 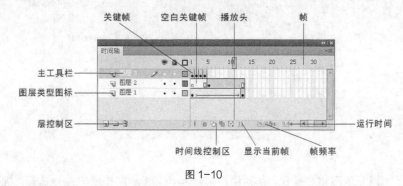：移动舞台画面以便更好地进行观察。

"缩放"工具：改变舞台画面的显示比例。

◎ "颜色"区

"颜色"区用于选择绘制、编辑图形的笔触颜色和填充颜色。

"笔触颜色"按钮：选择图形边框和线条的颜色。

"填充颜色"按钮：选择图形要填充区域的颜色。

"黑白"按钮：系统默认的颜色。

"交换颜色"按钮：可将笔触颜色和填充颜色进行交换。

◎ "选项"区

不同的工具有不同的选项，通过"选项"区可以为当前选择的工具进行属性设置。

4. 时间轴

时间轴用于组织和控制文件内容在一定时间内播放。按照功能的不同，"时间轴"窗口分为左、右两部分，即层控制区和时间线控制区，如图 1-10 所示。时间轴的主要组件是层、帧和播放头。

关键帧　空白关键帧　播放头　　　帧

主工具栏

图层类型图标

层控制区

时间线控制区　显示当前帧　帧频率

运行时间

图 1-10

◎ 层控制区

层控制区位于时间轴的左侧。层就像堆叠在一起的多张幻灯胶片一样，每个层都包含一个显示在舞台中的不同图像。在层控制区中，可以显示舞台上正在编辑作品的所有层的名称、类型和状态，并可以通过工具按钮对层进行操作。

"新建图层"按钮：增加新层。

"新建文件夹"按钮：增加新的图层文件夹。

"删除"按钮：删除选定的层。

"显示/隐藏所有图层"按钮：控制选定层的显示/隐藏状态。

"锁定/解除锁定所有图层"按钮：控制选定层的锁定/解锁状态。

"显示所有图层的轮廓"按钮：控制选定层的显示图形外框/显示图形状态。

◎ 时间线控制区

时间线控制区位于时间轴的右侧，由帧、播放头、多个按钮及信息栏组成。与胶片一样，Flash 文档将时间长度分为帧。每个层中包含的帧显示在该层名右侧的一行中，时间轴顶部的时间轴标题指示帧编号，播放头指示舞台中当前显示的帧，信息栏显示当前帧编号、动画播放速率、到当前帧为止动画的运行时间等信息。时间线控制区中按钮的基本功能如下。

"帧居中"按钮：将当前帧显示到控制区窗口中间。

"绘图纸外观"按钮：在时间线上设置一个连续的显示帧区域，区域内的帧所包含的内容同时显示在舞台上。

"绘图纸外观轮廓"按钮：在时间线上设置一个连续的显示帧区域，除当前帧外，区域内的帧所包含的内容仅显示图形外框。

"编辑多个帧"按钮：在时间线上设置一个连续的显示帧区域，区域内的帧所包含的内容可同时显示和编辑。

"修改绘图纸标记"按钮：单击该按钮会弹出一个多帧显示选项菜单，用来定义 2 帧、5 帧或全部帧内容。

5. 场景和舞台

场景是所有动画元素的最大活动空间，如图 1-11 所示。像多幕剧一样，场景可以不止一个。要查看特定场景，可以选择"视图 > 转到"命令，再从其子菜单中选择场景的名称。

场景也就是常说的舞台，是编辑和播放动画的矩形区域。在舞台上可以放置和编辑矢量插图、文本框、按钮、导入的位图图形、视频剪辑等对象，舞台包括大小、颜色等设置。

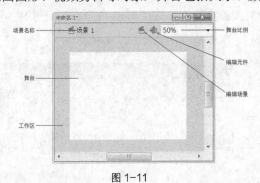

图 1-11

在舞台上可以显示网格和标尺，帮助用户准确定位。显示网格的方法是选择"视图 > 网格 > 显示网格"命令或按 Ctrl+' 组合键，显示网格如图 1-12 所示。显示标尺的方法是选择"视图 > 标尺"命令或按 Ctrl+Shift+Alt+R 组合键，显示标尺如图 1-13 所示。

在制作动画时，还常常需要辅助线来作为舞台上不同对象的对齐标准。需要时可以从标尺上向舞台拖动鼠标以产生绿色的辅助线，如图 1-14 所示，它在动画播放时并不显示。不需要辅助线时，可以通过从舞台上向标尺方向拖动辅助线来进行删除，还可以通过"视图 > 辅助线 > 显示辅助线"命令显示出辅助线。选择"视图 > 辅助线 > 编辑辅助线"命令或按 Ctrl+Shift+Alt+G 组合键，可修改辅助线的颜色等属性。

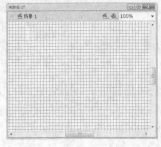

图 1-12

图 1-13

图 1-14

6."属性"面板

对于正在使用的工具或资源，使用"属性"面板可以很容易地查看和更改它们的属性，从而简化文档的创建过程。当选定单个对象时，如文本、组件、形状、位图、视频、组、帧等，"属性"面板中可以显示相应的信息和设置，如图 1-15 所示。当选定了两个或多个不同类型的对象时，"属性"面板中会显示选定对象的位置和大小，如图 1-16 所示。

图 1-15

图 1-16

7. 浮动面板

使用面板可以查看、组合和更改资源。屏幕的大小有限，为了尽量使工作区最大，Flash CS5 提供了许多种自定义工作区的方式，如可以通过"窗口"菜单显示、隐藏面板，还可以通过拖曳鼠标指针来调整面板的大小以及重新组合面板，如图 1-17 和图 1-18 所示。

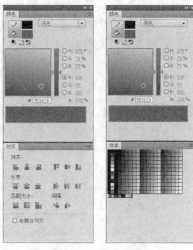

图 1-17   图 1-18

1.2 文件设置

1.2.1 【操作目的】

通过打开效果文件熟练掌握打开命令，通过复制效果熟练掌握新建命令，通过关闭新建文件熟练掌握保存和关闭命令。

1.2.2 【操作步骤】

步骤 1 打开 Flash 软件，选择"文件 > 打开"命令，弹出"打开"对话框，如图 1-19 所示。选择光盘中的"Ch01 > 素材 > 绘制卡通插画 > 01"文件，单击"打开"按钮打开文件，如图 1-20 所示。

图 1-19 图 1-20

步骤 2 按 Ctrl+A 组合键全选图形，如图 1-21 所示。按 Ctrl+C 组合键复制图形。选择"文件 > 新建"命令，在弹出的"新建文档"对话框中进行设置，如图 1-22 所示，单击"确定"按钮，新建一个空白文档。

图 1-21 图 1-22

步骤 3 按 Ctrl+V 组合键粘贴图形到新建的空白文档中，并拖曳到适当的位置，如图 1-23 所示。选择"文件 > 保存"命令，弹出"另存为"对话框，在"文件名"文本框中输入文件的名称，如图 1-24 所示，单击"保存"按钮保存文件。

图 1-23 图 1-24

步骤 4 选择"文件 > 导出 > 导出影片"命令，弹出"导出影片"对话框，在"文件名"文本框中输入新的名称，在"保存类型"选项下拉列表中选择"SWF 影片（*.swf）"，如图 1-25 所示，单击"保存"按钮，完成影片的输出。

步骤 5 单击舞台窗口右上角的按钮⊠，弹出提示对话框，如图 1-26 所示。单击"否"按钮，关闭窗口。再次单击舞台窗口右上角的按钮⊠，关闭打开的"绘制卡通插画"文件。单击软件界面中标题栏右侧的"关闭"按钮 ⊠ ，可关闭软件。

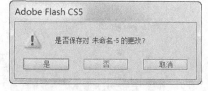

图 1-25   图 1-26

1.2.3 【相关工具】

1. 新建文件

新建文件是使用 Flash CS5 进行设计的第一步。

选择"文件 > 新建"命令，弹出"新建文档"对话框，如图 1-27 所示。在该对话框中可以创建 Flash 文档，设置 Flash 影片的媒体和结构；可以创建 Flash 幻灯片演示文稿，演示幻灯片或多媒体等连续性内容；可以创建基于窗体的 Flash 应用程序，应用于 Internet；也可以创建用于控制影片的外部动作脚本文件等。选择完成后单击"确定"按钮，即可完成新建文件的任务，如图 1-28 所示。

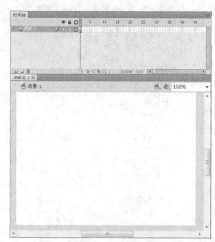

图 1-27   图 1-28

2. 打开文件

如果要修改已完成的动画文件，必须先将其打开。

选择"文件 > 打开"命令，弹出"打开"对话框，在对话框中搜索路径和文件，确认文件的类型和名称，如图 1-29 所示。然后单击"打开"按钮或直接双击要打开的文件，即可打开所指定的动画文件，如图 1-30 所示。

图 1-29

图 1-30

技 巧
在"打开"对话框中也可以一次打开多个文件，只要在文件列表中将所需的几个文件选中，然后单击"打开"按钮，系统就将逐个打开这些文件，以免多次反复调用"打开"对话框。在"打开"对话框中，按住 Ctrl 键的同时，用鼠标单击可以选择不连续的文件，按住 Shift 键的同时用鼠标单击可以选择连续的文件。

3. 保存文件

编辑和制作完动画后，就需要将动画文件进行保存。

通过"文件"菜单中的"保存"、"另存为"等命令可以将文件保存在磁盘上，如图 1-31 所示。当设计好作品进行第一次存储时，选择"保存"命令，弹出"另存为"对话框，如图 1-32 所示，在对话框中设置文件名称和保存类型，单击"保存"按钮，即可将动画保存。

图 1-31

图 1-32

提 示
当对已经保存过的动画文件进行了各种编辑操作后，选择"保存"命令，将不再弹出"另存为"对话框，系统直接保留最终确认的结果，并覆盖原始文件。因此，在未确定是否要放弃原始文件之前，应慎用此命令。

若既要保留修改过的文件，又不想放弃原文件，可以选择"文件 > 另存为"命令，弹出"另存为"对话框,在对话框中可以为更改过的文件重新命名、选择路径、设定保存类型,然后进行保存。

4. 输出影片格式

Flash CS5 可以输出多种格式的动画或图形文件,一般包含以下几种常用类型。

◎ SWF 影片(*.swf)

SWF 动画是浏览网页时常见的动画格式,它是以.swf 为后缀的文件,具有动画、声音和交互等功能,它需要在浏览器中安装 Flash 播放器插件才能观看。将整个文档导出为具有动画效果和交互功能的 Flash SWF 文件,以便将 Flash 内容导入其他应用程序中,如导入 Dreamweaver 中。

选择"文件 > 导出 > 导出影片"命令,弹出"导出影片"对话框,在"文件名"选项的文本框中输入要导出动画的名称,在"保存类型"选项的下拉列表中选择"SWF 影片(*.swf)",如图 1-33 所示,单击"保存"按钮,即可导出影片。

图 1-33

 提 示 在以 SWF 格式导出 Flash 文件时,文本以 Unicode 格式进行编码。Unicode 是一种文字信息的通用字符集编码标准,它是一种 16 位编码格式。也就是说,Flash 文件中的文字使用双位元组字符集进行编码。

◎ Windows AVI (*.avi)

Windows AVI 是标准的 Windows 影片格式,它是一种很好的、用于在视频编辑应用程序中打开 Flash 动画的格式。由于 AVI 是基于位图的格式,因此如果包含的动画很长或者分辨率比较高,文件量就会非常大。将 Flash 文件导出为 Windows 视频时,会丢失所有的交互性。

选择"文件 > 导出 > 导出影片"命令,弹出"导出影片"对话框,在"文件名"选项的文本框中输入要导出视频文件的名称,在"保存类型"选项的下拉列表中选择"Windows AVI (*.avi)",如图 1-34 所示,单击"保存"按钮,弹出"导出 Windows AVI"对话框,如图 1-35 所示。

图 1-34

图 1-35

"宽"和"高"选项:可以指定 AVI 影片的宽度和高度,以像素为单位。当宽度和高度两者指定其一时,另一个尺寸会自动设置,这样会保持原始文档的高宽比。

"保持高宽比"选项：取消对此选项的勾选，可以分别设置宽度和高度。

"视频格式"选项：可以选择输出作品的颜色位数。目前许多应用程序不支持 32 位色的图像格式，如果使用这种格式时出现问题，可以使用 24 位色的图像格式。

"压缩视频"选项：勾选此选项，可以选择标准的 AVI 压缩选项。

"平滑"选项：可以消除导出 AVI 影片中的锯齿。勾选此选项，能产生高质量的图像。背景为彩色时，AVI 影片可能会在图像的周围产生模糊，此时，不勾选此选项。

"声音格式"选项：设置音轨的取样比率和大小，以及是以单声还是以立体声导出声音。取样率高，声音的保真度就高，但占据的存储空间也大。取样率和大小越小，导出的文件就越小，但可能会影响声音品质。

◎ WAV 音频 （*.wav）

可以将动画中的音频对象导出，并以 WAV 声音文件格式保存。

选择"文件 > 导出 > 导出影片"命令，弹出"导出影片"对话框，在"文件名"选项的文本框中输入要导出音频文件的名称，在"保存类型"选项的下拉列表中选择"WAV 音频 (*.wav)"，如图 1-36 所示，单击"保存"按钮，弹出"导出 Windows WAV"对话框，如图 1-37 所示。

图 1-36   图 1-37

"声音格式"选项：可以设置导出声音的取样频率、比特率以及立体声或单声。

"忽略事件声音"选项：勾选此选项，可以从导出的音频文件中排除事件声音。

◎ JPEG 图像 （*.jpg）

可以将 Flash 文档中当前帧上的对象导出为 JPEG 位图文件。JPEG 格式图像为高压缩比的 24 位位图。JPEG 格式适合显示包含连续色调（如照片、渐变色或嵌入位图）的图像。其导出设置与位图 (*.bmp) 相似，不再赘述。

◎ GIF 动画 （*.gif）

网页中常见的动态图标大部分是 GIF 动画形式，它是由多个连续的 GIF 图像组成。在 Flash 动画时间轴上的每一帧都会变为 GIF 动画中的一幅图片。GIF 动画不支持声音和交互，并比不含声音的 SWF 动画文件量大。

选择"文件 > 导出 > 导出影片"命令，弹出"导出影片"对话框，在"文件名"选项的文本框中输入要导出序列文件的名称，在"保存类型"选项的下拉列表中选择"GIF 序列 (*.gif)"，如图 1-38 所示，单击"保存"按钮，弹出"导出 GIF"对话框，如图 1-39 所示。

"宽"和"高"选项：设置 GIF 动画的尺寸大小。

"分辨率"选项：设置导出动画的分辨率，并且让 Flash CS5 根据图形的大小自动计算宽度和高度。单击"匹配屏幕"按钮，可以将分辨率设置为与显示器相匹配。

"颜色"选项：创建导出图像的颜色数量。

"透明"选项：勾选此选项，输出的 GIF 动画的背景色为透明。

"交错"选项：勾选此选项，浏览者在下载过程中，动画以交互方式显示。

"平滑"选项：勾选此选项，输出的 GIF 动画进行平滑处理。

"抖动纯色"选项：勾选此选项，对 GIF 动画中的色块进行抖动处理，以提高画面质量。

"动画"选项：可以设置 GIF 动画的播放次数。

图 1-38

图 1-39

◎ **PNG 序列**（ *.png ）

PNG 文件格式是一种可以跨平台支持透明度的图像格式。选择"文件 > 导出 > 导出影片"命令，弹出"导出影片"对话框，在"文件名"选项的文本框中输入要导出序列文件的名称，在"保存类型"选项的下拉列表中选择"PNG 序列 (*.png)"，如图 1-40 所示，单击"保存"按钮，弹出"导出 PNG"对话框，如图 1-41 所示。

图 1-40

图 1-41

"宽"和"高"选项：设置 PNG 图片的尺寸大小。

"分辨率"选项：设置导出图片的分辨率，并且让 Flash CS5 根据图形的大小自动计算宽度和高度。单击"匹配屏幕"按钮，可以将分辨率设置为与显示器相匹配。

"包含"选项：可以设置导出图片的区域大小。

"颜色"选项：创建导出图片的颜色数量。

"过滤器"选项：可以设置导出 PNG 的压缩方式。

"交错"选项：勾选此选项，浏览者在下载过程中，图片以交互方式显示。

"平滑"选项：勾选此选项，输出的 PNG 图片进行平滑处理。

"抖动纯色"选项：勾选此选项，对 PNG 图片中的色块进行抖动处理，以提高画面质量。

第2章 卡片设计

设计精美的 Flash 卡片可以传递温馨的祝福，带给大家无限的欢乐。本章以制作多个类别的卡片为例，介绍卡片的设计方法和制作技巧。读者通过本章的学习，要能够独立地制作出自己喜爱的卡片。

 课堂学习目标 ———————————————————

- 了解卡片的表现手法
- 掌握卡片的设计思路和流程
- 掌握卡片的制作方法和技巧

2.1 绘制时尚卡片

2.1.1 【案例分析】

本案例是为某公司制作的时尚卡片。卡片制作要求通过简洁的绘画语言，明亮鲜艳的色彩表现出节日的时尚、欢乐、轻松的氛围。

2.1.2 【设计理念】

在设计过程中，通过红色黄点的背景图营造出喜庆、欢乐的感觉，蓝绿两棵简单的松树图形色彩鲜艳明快，让人一目了然，白色的字体点明主题，整个画面简洁平和却又烘托出了节日的气氛，色彩对比强烈，让人印象深刻。（最终效果参看光盘中的"Ch02 > 效果 > 绘制时尚卡片"，见图 2-1。）

图 2-1

2.1.3 【操作步骤】

1. 绘制背景与波浪

步骤 1 选择"文件 > 新建"命令，在弹出的"新建文档"对话框中选择"ActionScript 3.0"选项，单击"确定"按钮，进入新建文档舞台窗口。按 Ctrl+F3 组合键，弹出文档"属性"面板，单击面板中的"编辑"按钮 编辑... ，弹出"文档设置"对话框，将"宽度"选项设为

156，"高度"选项设为255，单击"确定"按钮，改变舞台窗口的大小。

步骤 2 将"图层1"重命名为"底图"。选择"文件 > 导入 > 导入到库"命令，在弹出的"导入到库"对话框中选择"Ch03 > 素材 > 绘制时尚卡片 > 01"文件，单击"打开"按钮，文件被导入到"库"面板中，如图2-2所示。

步骤 3 选择"窗口 > 颜色"命令，弹出"颜色"面板，在"颜色类型"选项的下拉列表中选择"径向渐变"，在色带上将左边的颜色控制点设为红色（#E03119），将右边的颜色控制点设为深红色（#A82513），生成渐变色，如图2-3所示。

步骤 4 选择"矩形"工具 ，在工具箱中将"笔触颜色"设为无，"填充颜色"设为刚设置的渐变色，在舞台窗口中绘制一个大小与舞台相同的矩形，效果如图2-4所示。

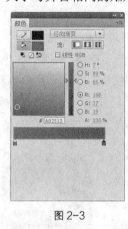

图2-2 　　　　　　　　图2-3 　　　　　　　　图2-4

步骤 5 单击"时间轴"面板下方的"新建图层"按钮，创建新图层并将其命名为"波浪"。选择"钢笔"工具，在工具箱中将"笔触颜色"设为黑色，在舞台窗口中绘制一个闭合路径，如图2-5所示。

步骤 6 选择"颜料桶"工具，在工具箱中将"填充颜色"设为黄绿色（#6ED600），在闭合路径的内部单击鼠标填充图形，效果如图2-6所示。选择"选择"工具，双击边线将其选中，如图2-7所示，按Delete键将其删除。

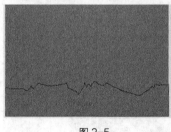

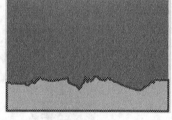

图2-5 　　　　　　　　图2-6 　　　　　　　　图2-7

步骤 7 选择"钢笔"工具，在工具箱中将"笔触颜色"设为黑色，选中下方的"对象绘制"按钮，在舞台窗口中绘制一个闭合路径，如图2-8所示。

步骤 8 选择"选择"工具，选中路径，在工具箱中将"笔触颜色"设为无，"填充颜色"设为灰色（#CCCCCC），效果如图2-9所示。按Ctrl+C组合键将其复制。

步骤 9 按Ctrl+Shift+V组合键将复制的图形原位粘贴到当前的位置。在工具箱中将"填充颜色"设为白色，并拖曳到适当的位置，效果如图2-10所示。

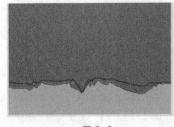

图 2-8

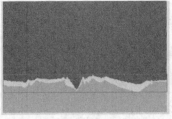

图 2-9

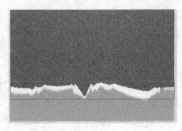

图 2-10

2. 绘制卡通树

步骤 1 单击"时间轴"面板下方的"新建图层"按钮，创建新图层并将其命名为"树"。选择"多角星形"工具，在工具箱中将"笔触颜色"设为无，"填充颜色"设为白色，在多角星形工具"属性"面板中单击选项按钮，在弹出的对话框中进行设置，如图 2-11 所示，单击"确定"按钮。在舞台窗口中绘制出一个三角形，效果如图 2-12 所示。用相同的方法再次绘制两个三角形，效果如图 2-13 所示。

图 2-11

图 2-12

图 2-13

步骤 2 选择"选择"工具，选中白色图形，选择"窗口 > 颜色"命令，弹出"颜色"面板，在"颜色类型"选项的下拉列表中选择"径向渐变"，在色带上将左边的颜色控制点设为蓝色（#00A9DD），将右边的颜色控制点设为深蓝色（#007FA6），生成渐变色如图 2-14 所示，效果如图 2-15 所示。

步骤 3 选择"墨水瓶"工具，在墨水瓶工具"属性"面板中将"笔触颜色"设为白色，"笔触"选项设为 4。用鼠标在图形的边线上单击，勾画出图形的轮廓，效果如图 2-16 所示。

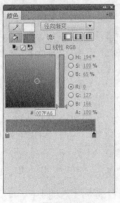

图 2-14

图 2-15

图 2-16

步骤 4 选中"树"图层，按 Ctrl+C 组合键复制图形。在"时间轴"面板中创建新图层并将其命名为"树 1"。按 Ctrl+Shift+V 组合键将复制的图形原位粘贴到"树 1"图层中。选择"任意变形"工具 ，缩小图形并拖曳到适当的位置，效果如图 2-17 所示。

步骤 `5` 调出"颜色"面板，在色带上将左边的颜色控制点设为绿色（#6ED600），将右边的颜色控制点设为深绿色（#53A100），生成渐变色如图 2-18 所示，效果如图 2-19 所示。

图 2-17   图 2-18   图 2-19

步骤 `6` 单击"时间轴"面板下方的"新建图层"按钮，创建新图层并将其命名为"图案"。调出"颜色"面板，在"颜色类型"选项的下拉列表中选择"位图填充"，将"笔触颜色"设为无，"填充颜色"设为"01"图像，如图 2-20 所示。

步骤 `7` 选中"矩形"工具，在舞台窗口中绘制一个大小与舞台相同的矩形块，效果如图 2-21 所示。选择"渐变变形"工具，在填充位图上单击，出现控制点。向内拖曳左下方的方形控制点改变其大小，效果如图 2-22 所示。

步骤 `8` 在"时间轴"面板中创建新图层并将其命名为"文字"。选择"文本"工具，在文本工具"属性"面板中进行设置，在舞台窗口中输入大小为 16、字体为"Hobo BT"的白色文字，文字效果如图 2-23 所示。时尚卡片绘制完成，按 Ctrl+Enter 组合键即可查看效果。

图 2-20   图 2-21   图 2-22   图 2-23

2.1.4 【相关工具】

1. 选择工具

选择"选择"工具，工具箱下方出现如图 2-24 所示的按钮，利用这些按钮可以完成以下工作。

图 2-24

"贴紧至对象"按钮<img>：自动将舞台上的两个对象定位到一起，一般在制作引导层动画时可利用此按钮将关键帧的对象锁定到引导路径上，单击此按钮还可以将对象定位到网格上。

"平滑"按钮<img>：可以柔化选择的曲线条。当选中对象时，此按钮变为可用。

"伸直"按钮<img>：可以锐化选择的曲线条。当选中对象时，此按钮变为可用。

◎ 选择对象

选择"选择"工具<img>，在舞台中的对象上单击鼠标进行点选，如图 2-25 所示。按住 Shift 键再点选对象，可以同时选中多个对象，如图 2-26 所示。在舞台中拖曳出一个矩形框可以框选对象，如图 2-27 所示。

图 2-25   图 2-26   图 2-27

◎ 移动和复制对象

选择"选择"工具<img>点选对象，如图 2-28 所示。按住鼠标左键不放，直接拖曳对象到任意位置，如图 2-29 所示。

选择"选择"工具<img>点选对象，按住 Alt 键的同时拖曳选中的对象到任意位置，则选中的对象被复制，如图 2-30 所示。

图 2-28   图 2-29   图 2-30

◎ 调整向量线条和色块

选择"选择"工具<img>，将鼠标指针移至对象上，鼠标指针下方出现圆弧<img>，如图 2-31 所示。拖动鼠标对选中的线条和色块进行调整，如图 2-32 所示。

图 2-31   图 2-32

2. 线条工具

选择"线条"工具 ，在舞台上单击鼠标，按住鼠标左键不放并向右拖动到需要的位置，绘制出一条直线，松开鼠标，直线效果如图 2-33 所示。在线条工具"属性"面板中可以设置不同的笔触颜色、笔触大小、笔触样式，如图 2-34 所示。设置不同的线条属性后，绘制的线条如图 2-35 所示。

图 2-33　　　　　　　　　　图 2-34　　　　　　　　　　图 2-35

提　示　选择"线条"工具 时，如果按住 Shift 键的同时拖曳鼠标进行绘制，则限制线条工具只能在 45° 或 45° 的倍数方向绘制直线。线条工具无法设置填充属性。

3. 矩形工具

选择"矩形"工具 ，在舞台上单击并按住鼠标不放，向需要的位置拖曳鼠标，绘制出矩形图形，松开鼠标，矩形效果如图 2-36 所示。按住 Shift 键的同时绘制图形，可以绘制出正方形，如图 2-37 所示。

可以在矩形工具"属性"面板中设置不同的笔触颜色、笔触大小、笔触样式和填充颜色，如图 2-38 所示。设置不同的边框属性和填充颜色后，绘制的图形如图 2-39 所示。

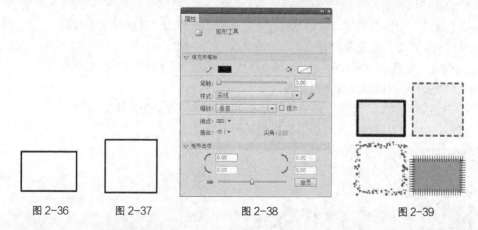

图 2-36　　　　图 2-37　　　　　　　图 2-38　　　　　　　图 2-39

可以应用矩形工具绘制圆角矩形。选择"属性"面板，在"矩形边角半径"数值框中输入需要的数值，如图 2-40 所示。输入的数值不同，绘制出的圆角矩形也不同，效果如图 2-41 所示。

中等职业教育数字艺术类规划教材

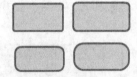

图 2-40   图 2-41

4. 铅笔工具

选择"铅笔"工具 ，在舞台上单击鼠标，按住鼠标不放，在舞台上随意绘制出线条，松开鼠标，线条效果如图 2-42 所示。如果想绘制出平滑或伸直的线条和形状，可以在工具箱下方的选项区域中为铅笔工具选择一种绘画模式，如图 2-43 所示。

图 2-42   图 2-43

"伸直"选项：可以绘制直线，并将接近三角形、椭圆、圆形、矩形和正方形的形状转换为这些常见的几何形状。

"平滑"选项：可以绘制平滑曲线。

"墨水"选项：可以绘制不用修改的手绘线条。

可以在铅笔工具"属性"面板中设置不同的笔触颜色、笔触大小、笔触样式，如图 2-44 所示。设置不同的线条属性后，绘制的图形如图 2-45 所示。

单击"属性"面板右侧的"编辑笔触样式"按钮 ，弹出"笔触样式"对话框，如图 2-46 所示，在对话框中可以自定义笔触样式。

"4 倍缩放"复选框：可以放大 4 倍预览设置不同选项后所产生的效果。

"粗细"选项：可以设置线条的粗细。

"锐化转角"复选框：勾选此复选框可以使线条的转折效果变得明显。

"类型"选项：可以在下拉列表中选择线条的类型。

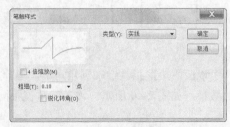

图 2-44   图 2-45   图 2-46

5. 椭圆工具

选择"椭圆"工具 ，在舞台上单击鼠标，按住鼠标不放，向需要的位置拖曳鼠标，绘制出椭圆图形，松开鼠标，图形效果如图 2-47 所示。在按住 Shift 键的同时绘制图形，可以绘制出圆形，效果如图 2-48 所示。

在椭圆工具"属性"面板中设置不同的笔触颜色、笔触大小、笔触样式和填充颜色，如图 2-49所示。设置不同的边框属性和填充颜色后，绘制的图形如图 2-50 所示。

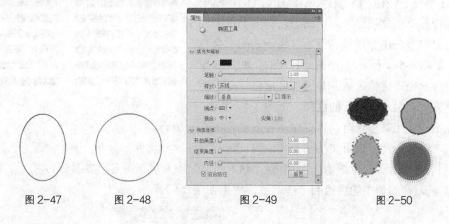

图 2-47　　　　图 2-48　　　　　图 2-49　　　　　图 2-50

6. 刷子工具

选择"刷子"工具 ，在舞台上单击鼠标，按住鼠标不放，随意绘制出笔触，松开鼠标，图形效果如图 2-51 所示。在刷子工具"属性"面板中设置不同的笔触颜色和平滑度，如图 2-52 所示。

在工具箱的下方应用"刷子大小"选项 和"刷子形状"选项 ，可以设置刷子的大小与形状，设置不同的刷子形状后所绘制的笔触效果如图 2-53 所示。

图 2-51　　　　　　图 2-52　　　　　　　图 2-53

系统在工具箱的下方提供了 5 种刷子的模式可供选择，如图 2-54 所示。

"标准绘画"模式：在同一层的线条和填充上以覆盖的方式涂色。

"颜料填充"模式：对填充区域和空白区域进行涂色，其他部分（如边框线）不受影响。

"后面绘画"模式：在舞台上同一层的空白区域涂色，但不影响原有的线条和填充。

"颜料选择"模式：在选定的区域内进行涂色，未被选中的区域不能够涂色。

"内部绘画"模式：在内部填充上绘图，但不影响线条。如果在空白区域中开始涂色，该填充不会影响任何现有的填充区域。

应用不同的模式绘制出的效果如图 2-55 所示。

图 2-54

标准绘画　颜料填充　后面绘画　颜料选择　内部绘画

图 2-55

"锁定填充"按钮：先为刷子选择放射性渐变色彩，当没有单击此按钮时，用刷子绘制出的每个线条都有自己完整的渐变过程，线条与线条之间不会互相影响，如图 2-56 所示。当单击此按钮时，颜色的渐变过程形成一个固定的区域，在这个区域内，刷子绘制到的地方就会显示出相应的色彩，如图 2-57 所示。

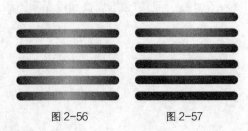

图 2-56　　　　　　　图 2-57

在使用刷子工具涂色时，可以使用导入的位图作为填充。

导入"02"图片，效果如图 2-58 所示。选择"窗口 > 颜色"命令，弹出"颜色"面板，将"颜色类型"选项设为"位图填充"，用刚才导入的位图作为填充图案，如图 2-59 所示。选择"刷子"工具，在窗口中随意绘制一些笔触，效果如图 2-60 所示。

图 2-58　　　　　　　　图 2-59　　　　　　　　图 2-60

7. 钢笔工具

选择"钢笔"工具，将鼠标指针放置在舞台上想要绘制曲线的起始位置，单击鼠标，此时出现第 1 个锚点，并且钢笔尖光标变为箭头形状，如图 2-61 所示。将鼠标指针放置在想要绘制的第 2 个锚点的位置，单击鼠标并按住不放，绘制出一条直线段，如图 2-62 所示。将鼠标指针向其他方向拖曳，直线转换为曲线，如图 2-63 所示。松开鼠标，一条曲线绘制完成，如图 2-64 所示。

图 2-61　　　　　图 2-62　　　　　图 2-63　　　　　图 2-64

用相同的方法可以绘制出由多条曲线段组合而成的不同样式的曲线，如图 2-65 所示。

在绘制线段时，如果按住 Shift 键再进行绘制，绘制出的线段将被限制为倾斜 45° 的倍数，如图 2-66 所示。

图 2-65　　　　　　　图 2-66

在绘制线段时，"钢笔"工具 的鼠标指针会产生不同的变化，并且其表示的含义也不同。

添加锚点：当鼠标指针变为 形状时，如图 2-67 所示，在线段上单击鼠标就会增加一个锚点，这样有助于更精确地调整线段。增加锚点后的效果如图 2-68 所示。

图 2-67　　　　　　　图 2-68

删除锚点：当鼠标指针变为 形状时，如图 2-69 所示，在线段上单击锚点，就会将这个锚点删除。删除锚点后的效果如图 2-70 所示。

转换锚点：当鼠标指针变为 形状时，如图 2-71 所示，在线段上单击锚点，就会将这个锚点从曲线节点转换为直线节点。转换节点后的效果如图 2-72 所示。

图 2-69　　　　　　图 2-70　　　　　　图 2-71　　　　　　图 2-72

提　示　当选择"钢笔"工具绘画时，若在用铅笔、刷子、线条、椭圆或矩形工具创建的对象上单击，就可以调整对象的节点，以改变这些线条的形状。

8．多角星形工具

应用多角星形工具可以绘制出不同样式的多边形和星形。选择"多角星形"工具 ，在舞台上单击鼠标，按住鼠标左键不放，向需要的位置拖曳鼠标，即可绘制出多边形。松开鼠标，多边形效果如图 2-73 所示。

可以在多角星形工具"属性"面板中设置不同的边框颜色、边框粗细、边框线型和填充颜色，如图 2-74 所示。设置不同的边框属性和填充颜色后，绘制的图形如图 2-75 所示。

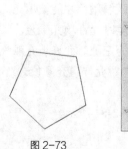

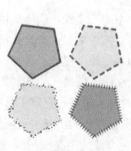

图 2-73　　　　　　图 2-74　　　　　　图 2-75

单击属性面板下方的"选项"按钮 ![选项...]，弹出"工具设置"对话框，如图 2-76 所示，在对话框中可以自定义多边形的各种属性。

"样式"选项：选择绘制多边形或星形。

"边数"选项：设置多边形的边数，其取值范围为 3～32。

"星形顶点大小"选项：输入一个 0～1 的数字以指定星形顶点的深度。此数字越接近 0，创建的顶点就越深。此选项在多边形的形状绘制中不起作用。

设置的数值不同，绘制出的多边形和星形也不同，如图 2-77 所示。

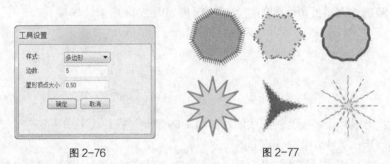

图 2-76   图 2-77

> **提 示** 通过移动中心控制点可以改变渐变区域的位置。

9. 颜料桶工具

绘制心形线框图形，如图 2-78 所示。选择"颜料桶"工具![颜料桶]，在"属性"面板中设置填充颜色，如图 2-79 所示。在心形的线框内单击鼠标，线框内被填充颜色，如图 2-80 所示。

系统在工具箱的下方设置了 4 种填充模式可供选择，如图 2-81 所示。

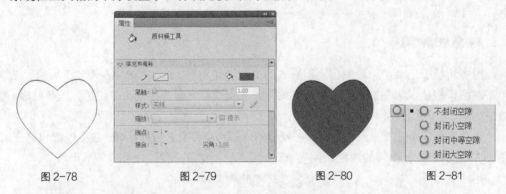

图 2-78   图 2-79   图 2-80   图 2-81

"不封闭空隙"模式：选择此模式时，只有在完全封闭的区域颜色才能被填充。

"封闭小空隙"模式：选择此模式时，当边线上存在小空隙时允许填充颜色。

"封闭中等空隙"模式：选择此模式时，当边线上存在中等空隙时允许填充颜色。

"封闭大空隙"模式：选择此模式时，当边线上存在大空隙时允许填充颜色。当选择"封闭大空隙"模式时，无论是小空隙还是中等空隙，都可以填充颜色。

根据线框空隙的大小应用不同的模式进行填充，效果如图 2-82 所示。

不封闭空隙模式　　封闭小空隙模式　　封闭中等空隙模式　　封闭大空隙模式

图 2-82

"锁定填充"按钮 ：可以对填充颜色进行锁定，锁定后填充颜色不能被更改。

没有单击此按钮时，填充颜色可以根据需要进行更改，如图 2-83 所示。

选择此按钮时，将鼠标指针放置在填充颜色上，鼠标指针变为 形状，填充颜色被锁定，不能随意更改，如图 2-84 所示。

图 2-83　　　　　　　　　　　　　　　图 2-84

10. 渐变变形工具

使用渐变变形工具可以改变选中图形的渐变填充效果。当图形的填充色为线性渐变色时，选择"渐变变形"工具 ，用鼠标单击图形，出现 3 个控制点和 2 条平行线，如图 2-85 所示。向图形中间拖动方形控制点，渐变区域缩小，如图 2-86 所示，效果如图 2-87 所示。

图 2-85　　　　　　　　图 2-86　　　　　　　　图 2-87

将鼠标指针放置在旋转控制点上，鼠标指针变为 形状，拖动旋转控制点来改变渐变区域的角度，如图 2-88 所示，效果如图 2-89 所示。

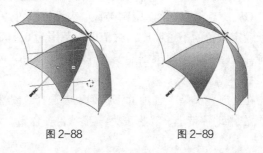

图 2-88　　　　　　　图 2-89

当图形的填充色为放射状渐变色时，选择"渐变变形"工具 ，用鼠标单击图形，出现 4 个控制点和 1 个圆形外框，如图 2-90 所示。向图形外侧水平拖动方形控制点，水平拉伸渐变区域，如图 2-91 所示，效果如图 2-92 所示。

图 2-90   图 2-91   图 2-92

将鼠标指针放置在圆形边框中间的圆形控制点上，鼠标指针变为 形状，向图形内部拖动鼠标，缩小渐变区域，如图 2-93 所示，效果如图 2-94 所示。将鼠标指针放置在圆形边框外侧的圆形控制点上，鼠标指针变为 形状，向上旋转拖动控制点，改变渐变区域的角度，如图 2-95 所示，效果如图 2-96 所示。

图 2-93   图 2-94   图 2-95   图 2-96

11. "颜色"面板

选择"窗口 > 颜色"命令或按 Shift+F9 组合键，弹出"颜色"面板。

◎ 自定义纯色

在"颜色"面板的"类型"选项的下拉列表中，选择"纯色"选项，面板效果如图 2-97 所示。

"笔触颜色"按钮 ：可以设定矢量线条的颜色。

"填充颜色"按钮 ：可以设定填充色的颜色。

"黑白"按钮 ：单击此按钮，笔触颜色与填充颜色恢复为系统默认的状态。

"无色"按钮 ：用于取消矢量线条或填充色块。当选择"椭圆"工具 或"矩形"工具 时，此按钮为可用状态。

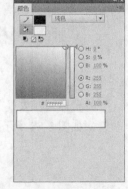

"交换颜色"按钮 ：单击此按钮，可以将笔触颜色和填充颜色互换。

"H、S、B"和"R、G、B"选项：可以用精确数值来设定颜色。

"Alpha"选项：用于设定颜色的不透明度，数值选取范围为 0~100。

在面板下方的颜色选择区域内，可以根据需要选择相应的颜色。

图 2-97

◎ 自定义线性渐变色

选择"颜色"面板，在"颜色类型"选项的下拉列表中选择"线性渐变"选项，面板效果如图 2-98 所示。将鼠标放置在滑动色带上，光标变为 形状，在色带上单击鼠标增加颜色控制点，并在面板下方为新增加的控制点设定颜色及透明度，如图 2-99 所示。当要删除控制点时，只需将控制点向色带下方拖曳。

◎ **自定义放射状渐变色**

选择"颜色"面板，在"颜色类型"选项的下拉列表中选择"径向渐变"选项，面板效果如图 2-100 所示。用与定义线性渐变色相同的方法在色带上定义径向渐变色，定义完成后，在面板的左下方显示出定义的渐变色，如图 2-101 所示。

　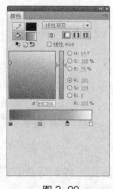　　

图 2-98　　　　　　图 2-99　　　　　　图 2-100　　　　　　图 2-101

12. 任意变形工具

在制作图形的过程中，可以应用任意变形工具来改变图形的大小及倾斜度，也可以应用渐变变形工具改变图形中渐变填充颜色的渐变效果。

导入 04 图片，按 Ctrl+B 组合键将其打散。选择"任意变形"工具 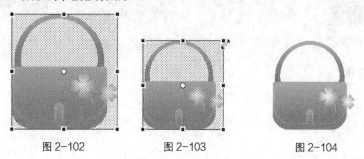，在图形的周围出现控制点，如图 2-102 所示。拖动控制点改变图形的大小，如图 2-103 和图 2-104 所示（按住 Shift 键再拖动控制点，可成比例地拖动图形）。

图 2-102　　　　　　图 2-103　　　　　　图 2-104

将光标放在 4 个角的控制点上时变为 形状，如图 2-105 所示。拖动鼠标旋转图形，如图 2-106 和图 2-107 所示。

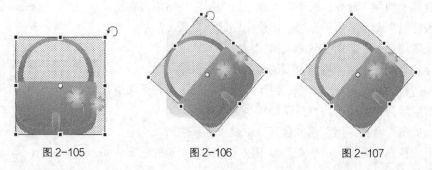

图 2-105　　　　　　图 2-106　　　　　　图 2-107

系统在工具箱的下方设置了4种变形模式可供选择，如图2-108所示。

"旋转与倾斜"  模式：选中图形，选择"旋转与倾斜"模式，将鼠标放在图形上方中间的控制点上，鼠标指针变为 ⟷ 形状，按住鼠标左键不放，向右水平拖曳控制点，如图2-109所示。松开鼠标，图形变为倾斜，如图2-110所示。

图2-108

"缩放" 模式：选中图形，选择"缩放"模式，将鼠标放在图形右上方的控制点上，鼠标指针变为 形状，按住鼠标左键不放，向左下方拖曳控制点，如图2-111所示，松开鼠标后的效果如图2-112所示。

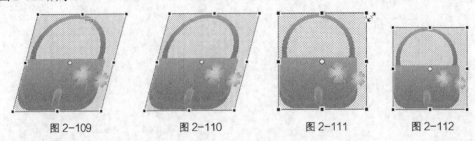

| 图2-109 | 图2-110 | 图2-111 | 图2-112 |

"扭曲" 模式：选中图形，选择"扭曲"模式，将鼠标放在图形右上方的控制点上，鼠标指针变为 形状，按住鼠标左键不放，向左下方拖曳控制点，如图2-113所示，松开鼠标后图形扭曲，如图2-114所示。

"封套" 模式：选中图形，选择"封套"模式，图形周围出现节点，调节这些节点来改变图形的形状。光标变为 形状时拖动节点，如图2-115所示，松开鼠标后图形扭曲，如图2-116所示。

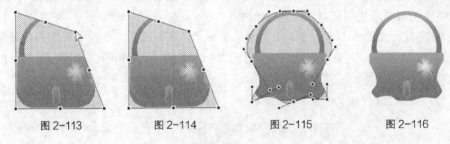

| 图2-113 | 图2-114 | 图2-115 | 图2-116 |

13. 图层的设置

◎ 层的快捷菜单

用鼠标右键单击"时间轴"面板中的图层名称，弹出快捷菜单，如图2-117所示。

"显示全部"命令：用于显示所有的隐藏图层和图层文件夹。

"锁定其他图层"命令：用于锁定除当前图层以外的所有图层。

"隐藏其他图层"命令：用于隐藏除当前图层以外的所有图层。

"插入图层"命令：用于在当前图层上创建一个新的图层。

"删除图层"命令：用于删除当前图层。

"引导层"命令：用于将当前图层转换为普通引导层。

"添加传统运动引导层"命令：用于将当前图层转换为运动引导层。

"遮罩层"命令：用于将当前图层转换为遮罩层。

"显示遮罩"命令：用于在舞台窗口中显示遮罩效果。

"插入文件夹"命令：用于在当前图层上创建一个新的层文件夹。

图2-117

"删除文件夹"命令：用于删除当前的层文件夹。

"展开文件夹"命令：用于展开当前的层文件夹，显示出其包含的图层。

"折叠文件夹"命令：用于折叠当前的层文件夹。

"展开所有文件夹"命令：用于展开"时间轴"面板中所有的层文件夹，显示出所包含的图层。

"折叠所有文件夹"命令：用于折叠"时间轴"面板中所有的层文件夹。

"属性"命令：用于设置图层的属性。

◎ 创建图层

为了分门别类地组织动画内容，需要创建普通图层。选择"插入 > 时间轴 > 图层"命令，创建一个新的图层，或者在"时间轴"面板下方单击"新建图层"按钮，创建一个新的图层。

提 示 默认状态下，新创建的图层按"图层 1"、"图层 2"……的顺序进行命名，也可以根据需要自行设定图层的名称。

◎ 选取图层

选取图层就是将图层变为当前图层，用户可以在当前层上放置对象、添加文本和图形，以及进行编辑。要使图层成为当前图层的方法很简单，在"时间轴"面板中选中该图层即可。当前图层会在"时间轴"面板中以蓝色显示，铅笔图标 ✎ 表示可以对该图层进行编辑，如图 2-118 所示。

按住 Ctrl 键的同时，用鼠标在要选择的图层上单击，可以一次选择多个图层，如图 2-119 所示。按住 Shift 键的同时，用鼠标单击两个图层，在这两个图层之间的其他图层也会被同时选中，如图 2-120 所示。

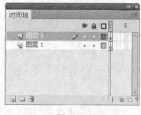  

图 2-118　　　　　　　　　图 2-119　　　　　　　　　图 2-120

◎ 排列图层

可以根据需要，在"时间轴"面板中为图层重新排列顺序。

在"时间轴"面板中选中"图层 3"，如图 2-121 所示，按住鼠标左键不放，将"图层 3"向下拖曳，这时会出现一条黑色实线，如图 2-122 所示，将其拖曳到"图层 1"的下方，松开鼠标，则"图层 3"移动到"图层 1"的下方，如图 2-123 所示。

图 2-121　　　　　　　　　图 2-122　　　　　　　　　图 2-123

◎ 复制、粘贴图层

可以根据需要，将图层中的所有对象复制并粘贴到其他图层或场景中。

在"时间轴"面板中单击要复制的图层，如图 2-124 所示，选择"编辑 > 时间轴 > 复制帧"命令进行复制。在"时间轴"面板下方单击"新建图层"按钮，创建一个新的图层，选中新的图层，如图 2-125 所示，选择"编辑 > 时间轴 > 粘贴帧"命令，在新建的图层中粘贴复制过的内容，如图 2-126 所示。

图 2-124　　　　　　　　　图 2-125　　　　　　　　　图 2-126

◎ 删除图层

如果某个图层不再需要，可以将其删除。删除图层有以下两种方法：在"时间轴"面板中选中要删除的图层，在面板下方单击"删除"按钮，即可删除选中的图层，如图 2-127 所示；还可在"时间轴"面板中选中要删除的图层，按住鼠标左键不放，将其向下拖曳，这时会出现黑色实线，将其拖曳到"删除图层"按钮上进行删除，如图 2-128 所示。

图 2-127　　　　　　　　　图 2-128

◎ 隐藏、锁定图层和图层的线框显示模式

（1）隐藏图层：动画经常是多个图层叠加在一起的效果，为了便于观察某个图层中对象的效果，可以把其他的图层先隐藏起来。

在"时间轴"面板中单击"显示或隐藏所有图层"按钮下方的小黑圆点，那么小黑圆点所在的图层就被隐藏，并且在该图层上显示出一个叉号图标，如图 2-129 所示，此时图层将不能被编辑。

在"时间轴"面板中单击"显示或隐藏所有图层"按钮，面板中的所有图层将被同时隐藏，如图 2-130 所示。再单击一下此按钮，即可解除隐藏。

图 2-129　　　　　　　　　图 2-130

（2）锁定图层：如果某个图层上的内容已符合要求，则可以锁定该图层，以避免内容被意外地更改。

在"时间轴"面板中单击"锁定或解除锁定所有图层"按钮下方的小黑圆点，那么小黑圆点所在的图层就被锁定，并且在该图层上显示出一个锁状图标，如图 2-131 所示，此时图层将不能被编辑。

在"时间轴"面板中单击"锁定或解除锁定所有图层"按钮 🔒，面板中的所有图层将被同时锁定，如图 2-132 所示。再单击此按钮，即可解除锁定。

（3）图层的线框显示模式：为了便于观察图层中的对象，可以将对象以线框的模式进行显示。

在"时间轴"面板中单击"将所有图层显示为轮廓"按钮 □ 下方的实色正方形，那么实色正方形所在图层中的对象就呈线框模式显示，在该图层上实色正方形变为线框图标 □，如图 2-133 所示，此时并不影响编辑图层。

在"时间轴"面板中单击"将所有图层显示为轮廓"按钮 □，面板中的所有图层将同时以线框模式显示，如图 2-134 所示。再单击此按钮，即可返回到普通模式。

图 2-131　　　　　图 2-132　　　　　图 2-133　　　　　图 2-134

◎ **重命名图层**

可以根据需要更改图层的名称，更改图层的名称有以下两种方法。

（1）双击"时间轴"面板中的图层名称，名称变为可编辑状态，如图 2-135 所示，输入要更改的图层名称，如图 2-136 所示，在图层旁边单击鼠标，完成图层名称的修改，如图 2-137 所示。

图 2-135　　　　　　　图 2-136　　　　　　　图 2-137

（2）选中要修改名称的图层，选择"修改 > 时间轴 > 图层属性"命令，弹出"图层属性"对话框，如图 2-138 所示。在"名称"选项的文本框中可以重新设置图层的名称，如图 2-139 所示，单击"确定"按钮，完成图层名称的修改。

图 2-138　　　　　　　图 2-139

14. 组合对象

选中多个图形，如图 2-140 所示，选择"修改 > 组合"命令或按 Ctrl+G 组合键，将选中的

中等职业教育数字艺术类规划教材

图形进行组合，如图 2-141 所示。

图 2-140　　　　　　　图 2-141

15. 导入图像素材

Flash CS5 可以识别多种不同的位图和矢量图的文件格式，用户可以通过导入或粘贴的方法将素材导入到 Flash CS5 中。

◎ **导入到舞台**

（1）导入位图到舞台：当导入位图到舞台上时，舞台上显示出该位图，位图同时被保存在"库"面板中。

选择"文件 > 导入 > 导入到舞台"命令，弹出"导入"对话框，在对话框中选择"基础素材 > Ch02 > 06"文件，如图 2-142 所示，单击"打开"按钮，弹出提示对话框，如图 2-143 所示。

图 2-142　　　　　　　　　　　　　图 2-143

当单击"否"按钮时，选择的位图图片"06"被导入到舞台上，这时舞台、"库"面板和"时间轴"面板所显示的效果分别如图 2-144、图 2-145 和图 2-146 所示。

图 2-144　　　　　　　图 2-145　　　　　　　图 2-146

当单击"是"按钮时，位图图片 06、07 全部被导入到舞台上，这时舞台、"库"面板和"时间轴"面板所显示的效果分别如图 2-147、图 2-148 和图 2-149 所示。

图 2-147　　　　　　　　图 2-148　　　　　　　　图 2-149

提　示　可以用各种方式将多种位图导入到 Flash CS5 中,并且可以从 Flash CS5 中启动 Fireworks 或其他外部图像编辑器,从而在这些编辑应用程序中修改导入的位图。可以对导入的位图应用压缩和消除锯齿功能,以控制位图在 Flash CS5 中的大小和外观,还可以将导入的位图作为填充应用到对象中。

(2)导入矢量图到舞台:当导入矢量图到舞台上时,舞台上显示该矢量图,但矢量图并不会被保存到"库"面板中。

选择"文件 > 导入 > 导入到舞台"命令,弹出"导入"对话框,在对话框中选择"基础素材 > Ch02 > 08"文件,如图 2-150 所示。单击"打开"按钮,弹出"将'08.ai'导入到舞台"对话框,如图 2-151 所示。单击"确定"按钮,矢量图被导入到舞台上,如图 2-152 所示。此时,查看"库"面板,并没有保存矢量图"01",如图 2-153 所示。

图 2-150　　　　　　　　　　　　　　　图 2-151

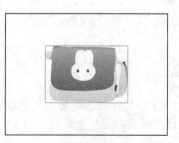

图 2-152　　　　　　图 2-153

◎ 导入到库

（1）导入位图到库：当导入位图到"库"面板时，舞台上不显示该位图，只在"库"面板中进行显示。

选择"文件 > 导入 > 导入到库"命令，弹出"导入到库"对话框，在对话框中选择"光盘 > 基础素材 > Ch02 > 07"文件，如图 2-154 所示。单击"打开"按钮，位图被导入到"库"面板中，如图 2-155 所示。

图 2-154   图 2-155

（2）导入矢量图到库：当导入矢量图到"库"面板时，舞台上不显示该矢量图，只在"库"面板中进行显示。

选择"文件 > 导入 > 导入到库"命令，弹出"导入到库"对话框，在对话框中选择"基础素材 > Ch02 > 09"文件，如图 2-156 所示。单击"打开"按钮，弹出"将'09.ai'导入到库"对话框，如图 2-157 所示。单击"确定"按钮，矢量图被导入到"库"面板中，如图 2-158 所示。

图 2-156   图 2-157   图 2-158

◎ 外部粘贴

可以将其他程序或文档中的位图粘贴到 Flash CS5 的舞台中。方法为在其他程序或文档中复制图像，选中 Flash CS5 文档，按 Ctrl+V 组合键将复制的图像进行粘贴，图像出现在 Flash CS5 文档的舞台中。

2.1.5 【实战演练】绘制度假卡

使用矩形工具、套索工具和钢笔工具绘制山水图形；使用钢笔工具和水平翻转命令制作椰子树图形；使用直接复制命令复制多个图形。（最终效果参看光盘中的"Ch02 > 效果 > 绘制度假卡"，见图 2-159。）

图 2-159

2.2 | 绘制新春卡片

2.2.1 【案例分析】

春节是农历正月初一，又叫阴历年，俗称"过年"。这是一个最隆重、最热闹的传统节日。本案例制作的新春卡片要表现出春节喜庆祥和的气氛，把吉祥和祝福送给亲友。

2.2.2 【设计理念】

在设计制作过程中，先设计小女孩的可爱卡通形象，祝福亲友大吉大利，再导入相对应的文字，表达出新年的主题。在表现形式上将"祥云"图形布满整个画面，体现喜庆、热闹、欢乐的节日氛围，也体现出春节的热闹喜庆。（最终效果参看光盘中的"Ch02 > 效果 > 绘制新春卡片"，见图2-160。）

图 2-160

2.2.3 【操作步骤】

1. 导入素材绘制头部图形

步骤 1 选择"文件 > 新建"命令，在弹出的"新建文档"对话框中选择"ActionScript 3.0"选项，单击"确定"按钮，进入新建文档舞台窗口。按 Ctrl+F3 组合键，弹出文档"属性"面板，单击面板中的"编辑"按钮 编辑… ，弹出"文档设置"对话框，将"宽度"选项设为595，"高度"选项设为 396，"背景颜色"选项设为黄色（#FFF100），单击"确定"按钮，改变舞台窗口的大小和颜色。

步骤 2 选择"文件 > 导入 > 导入到库"命令，在弹出的"导入到库"对话框中选择"Ch02 > 素材 > 绘制新春卡片 > 01、02、03"文件，单击"打开"按钮，文件被导入到"库"面板中，如图 2-161 所示。

步骤 3 在"库"面板下方单击"新建元件"按钮 ，弹出"创建新元件"对话框，在"名称"选项的文本框中输入"福娃"，在"类型"选项的下拉列表中选择"图形"，单击"确定"按钮，新建图形元件"福娃"，如图 2-162 所示，舞台窗口也随之转换为图形元件的舞台窗口。

步骤 4 将"图层 1"重命名为"头部"。选择"椭圆"工具 ，在椭圆"属性"面板中将"填充颜色"设为红色（#E40214），其他选项的设置如图 2-163 所示。在舞台窗口中绘制出一个椭圆形，效果如图 2-164 所示。

图 2-161

图 2-162

图 2-163

图 2-164

步骤 5 选择"基本椭圆"工具 ◎，按住 Shift 键的同时在舞台窗口中绘制一个圆形，效果如图 2-165 所示。选择"选择"工具 ，按住 Alt+Shift 组合键的同时，水平向右拖曳圆形，复制圆形，效果如图 2-166 所示。

图 2-165

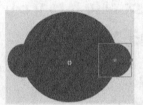
图 2-166

步骤 6 选择"椭圆"工具 ◎，在工具箱中将"笔触颜色"设为无，"填充颜色"设为深红色（#910000），选中"对象绘制"按钮 ◎，在舞台窗口中绘制出一个椭圆形，如图 2-167 所示。

步骤 7 选择"选择"工具 ，选中图形，按 Ctrl+C 组合键复制图形，按 Ctrl+Shift+V 组合键，将图形粘贴到当前位置，按向下方向键适当调整椭圆形位置。在工具箱中将"填充颜色"设为粉色（#FCE7E7），填充图形，效果如图 2-168 所示。

图 2-167

图 2-168

步骤 8 选择"椭圆"工具 ◎，在工具箱中将"笔触颜色"设为无，"填充颜色"设为白色，在舞台窗口中分别绘制椭圆形，如图 2-169 所示。选择"选择"工具 ，选中图形，在工具箱中将"填充颜色"设为深红色（#910000），填充图形，效果如图 2-170 所示。

图 2-169

图 2-170

步骤 9 选择"钢笔"工具 ✐，在左耳朵上绘制一个闭合路径，如图 2-171 所示。在工具箱中将
"笔触颜色"设为无，将"填充颜色"设为深红色（#910000），填充图形，效果如图 2-172
所示。使用相同方法制作右耳朵，效果如图 2-173 所示。

步骤 10 选择"椭圆"工具 ◯，在工具箱中将"笔触颜色"设为无，"填充颜色"设为深红色
（#910000），在舞台窗口中绘制出一个椭圆形，如图 2-174 所示。

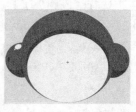

图 2-171　　　　图 2-172　　　　　　图 2-173　　　　　　　图 2-174

步骤 11 选择"铅笔"工具 ✐，在工具箱下方的"铅笔模式"下拉列表中选择"平滑"选项，
如图 2-175 所示，在铅笔工具属性面板中将"笔触颜色"设为粉色（#F8C6B5），"填充颜色"
设为无，"笔触"选项设为 1.5，在椭圆形的上方绘制出一条曲线，如图 2-176 所示。

步骤 12 选择"椭圆"工具 ◯，在工具箱中将"笔触颜色"设为无，"填充颜色"设为红色（#E40214），
按住 Shift 键的同时在舞台窗口中绘制出一个圆形，如图 2-177 所示。选择"椭圆"工具 ◯，
在工具箱中将"填充颜色"设为白色，再绘制一个圆形，效果如图 2-178 所示。

图 2-175　　　　　　图 2-176　　　　　　图 2-177　　　　　　图 2-178

2. 绘制五官和身体

步骤 1 单击"时间轴"面板下方的"新建图层"按钮 ◨，创建新图层并将其命名为"五官"。
选择"钢笔"工具 ✐，在脸部绘制一个闭合路径，如图 2-179 所示。在工具箱中将"笔触颜
色"设为无，将"填充颜色"设为红色（#E60013），填充图形，效果如图 2-180 所示。

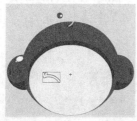

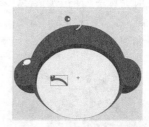

图 2-179　　　　　　　　图 2-180

步骤 2 在"时间轴"面板中单击"锁定或解除锁定所有图层"按钮 🔒 下方的小黑圆点，"头部"
图层上显示出一个锁状图标 🔒，表示"头部"图层被锁定。选择"钢笔"工具 ✐，在睫毛
图形上绘制一个闭合路径，如图 2-181 所示。在工具箱中将"笔触颜色"设为无，将"填充

颜色"设为浅粉色（#E09F9C），填充图形，效果如图 2-182 所示。

图 2-181   图 2-182

步骤 3 选择"椭圆"工具 ，在工具箱中将"笔触颜色"设为无，"填充颜色"设为粉色
（#EC8088），按住 Shift 键的同时在舞台窗口中绘制出一个圆形，如图 2-183 所示。选择"选
择"工具 ，使用圈选的方法将刚绘制图形同时选中，按 Ctrl+G 组合键将选中的图形进行
组合，如图 2-184 所示。

图 2-183   图 2-184

步骤 4 保持图形选取状态。按住 Alt 键的同时，向右拖曳图形到适当的位置，复制图形，效果
如图 2-185 所示。选择"修改 > 变形 > 水平翻转"命令，将组合图形水平翻转，如图 2-186
所示。

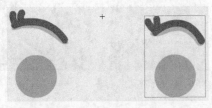 

图 2-185   图 2-186

步骤 5 选择"椭圆"工具 ，在工具箱中将"笔触颜色"设为无，"填充颜色"设为白色，在
舞台窗口中绘制出一个椭圆形，如图 2-187 所示。

步骤 6 选择"选择"工具 ，选中图形，按 Ctrl+C 组合键复制图形，按 Ctrl+Shift+V 组合键，
将图形粘贴到当前位置。选择"任意变形"工具 ，按住 Alt+Shift 组合键的同时，用鼠标
拖动右上方的控制点，等比例缩小图形。在工具箱中将"填充颜色"设为红色（#E40214），
填充图形，效果如图 2-188 所示。

 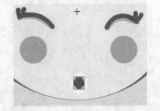

图 2-187   图 2-188

步骤 7 单击"时间轴"面板下方的"新建图层"按钮 创建新图层，并将其命名为"身体"。

选择"钢笔"工具 ，在舞台窗口中绘制一个闭合路径，如图 2-189 所示。在工具箱中将"笔触颜色"设为无，将"填充颜色"设为红色（#E40214），填充图形，效果如图 2-190 所示。使用相同方法绘制其他路径图形，效果如图 2-191 所示。

图 2-189

图 2-190

图 2-191

步骤 8　选择"文本"工具 T，在文本工具"属性"面板中进行设置，如图 2-192 所示，在舞台窗口中适当的位置输入大小为 14、字体为"方正黄草简体"的白色文字，文字效果如图 2-193 所示。

图 2-192

图 2-193

步骤 9　单击舞台窗口左上方的"场景 1"图标 ，进入"场景 1"的舞台窗口。将"图层 1"重新命名为"背景"，如图 2-194 所示。选择"矩形"工具 ，在工具箱中将"笔触颜色"设为无，"填充颜色"设为白色，绘制一个矩形，如图 2-195 所示。调出"颜色"面板，在"类型"选项的下拉列表中选择"位图"，选择"滴管"工具 ，单击面板中的"祥云"图案，吸取图形为填充颜色，选择"颜料桶"工具 ，在白色矩形上单击鼠标填充图形，效果如图 2-196 所示。

图 2-194

图 2-195

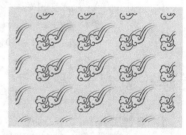
图 2-196

步骤 10　选择"渐变变形"工具 ，在填充位图上单击，出现控制点。向内拖曳左下方的方形控制点改变大小，效果如图 2-197 所示。按 F8 键，弹出"转换为元件"对话框，在"名称"选项的文本框中输入要转换为元件的名称，在"类型"下拉列表中选择"图形"元件，如图 2-198 所示，单击"确定"按钮，位图转换为图形元件。

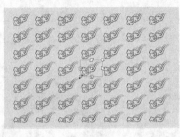

图 2-197 图 2-198

步骤 11 在图形"属性"面板中选择"色彩效果"选项组,在"样式"选项的下拉列表中选择"Alpha",将其值设为 15%,如图 2-199 所示。舞台窗口中的效果如图 2-200 所示。

图 2-199 图 2-200

步骤 12 分别单击"时间轴"面板下方的"新建图层"按钮,创建新图层并将其命名为"装饰框"、"文字"。分别将"库"面板中的图形元件"元件 2"、"元件 3"拖曳到舞台窗口中适当的位置,效果如图 2-201 所示。

步骤 13 单击"时间轴"面板下方的"新建图层"按钮,创建新图层并将其命名为"福娃"。将"库"面板中的图形元件"福娃"拖曳到舞台窗口中适当的位置,效果如图 2-202 所示。新春卡片制作完成,按 Ctrl+Enter 组合键即可查看效果。

图 2-201 图 2-202

2.2.4 【相关工具】

1. 滴管工具

使用滴管工具可以吸取矢量图形的线型和色彩,然后利用颜料桶工具,可以快速修改其他矢量图形内部的填充色。利用墨水瓶工具,可以快速修改其他矢量图形的边框颜色及线型。

◎ 吸取填充色

选择"滴管"工具,将鼠标放在左边图形的填充色上,鼠标指针变为形状,在填充色上单击鼠标,吸取填充色样本,如图 2-203 所示。

单击后，鼠标指针变为 形状，表示填充色被锁定。在工具箱的下方，取消对"锁定填充"按钮 的选取，鼠标指针变为 形状，在右边图形的填充色上单击鼠标，图形的颜色被修改，如图 2-204 所示。

◎ 吸取边框属性

选择"滴管"工具 ，将鼠标放在左边图形的外边框上，鼠标指针变为 形状，在外边框上单击鼠标，吸取边框样本，如图 2-205 所示。单击后，鼠标指针变为 形状，在右边图形的外边框上单击鼠标，添加边线，如图 2-206 所示。

图 2-203　　　　　图 2-204　　　　　图 2-205 　　　　　图 2-206

◎ 吸取位图图案

滴管工具可以吸取外部引入的位图图案。导入图片如图 2-207 所示，按 Ctrl+B 组合键将其打散。绘制一个圆形图形，如图 2-208 所示。

选择"滴管"工具 ，将鼠标放在位图上，鼠标指针变为 形状，单击鼠标，吸取图案样本，如图 2-209 所示。单击后，鼠标指针变为 形状，在圆形图形上单击鼠标，图案被填充，如图 2-210 所示。

图 2-207　　　　　图 2-208　　　　　图 2-209　　　　　图 2-210

选择"渐变变形"工具 ，单击被填充图案样本的椭圆形，出现控制点，如图 2-211 所示。按住 Shift 键，将左下方的控制点向中心拖曳，如图 2-212 所示。填充图案变小，如图 2-213 所示。

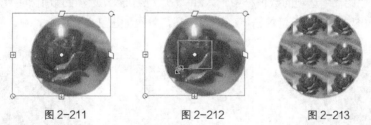

图 2-211　　　　　　　图 2-212　　　　　　　图 2-213

◎ 吸取文字属性

滴管工具可以吸取文字的颜色。选择要修改的目标文字，如图 2-214 所示。选择"滴管"工具 ，将鼠标放在源文字上，鼠标指针变为 形状，如图 2-215 所示。在源文字上单击鼠标，源文字的文字属性被应用到了目标文字上，如图 2-216 所示。

滴管工具 文字属性　　　滴管工具 文字属性　　　滴管工具 文字属性

　　　图 2-214 　　　　　　　　　图 2-215 　　　　　　　　　图 2-216

2. 柔化填充边缘

◎ 向外柔化填充边缘

选中图形如图 2-217 所示，选择"修改 > 形状 > 柔化填充边缘"命令，弹出"柔化填充边缘"对话框，在"距离"选项的数值框中输入 50，在"步长数"选项的数值框中输入 5，单击"扩展"单选项，如图 2-218 所示，单击"确定"按钮，效果如图 2-219 所示。

在"柔化填充边缘"对话框中设置不同的数值，所产生的效果也各不相同。

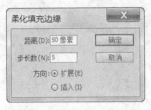

图 2-217　　　　　　　图 2-218　　　　　　　图 2-219

选中图形，选择"修改 > 形状 > 柔化填充边缘"命令，弹出"柔化填充边缘"对话框，在"距离"选项的数值框中输入 30，在"步长数"选项的数值框中输入 10，单击"扩展"单选项，如图 2-220 所示，单击"确定"按钮，效果如图 2-221 所示。

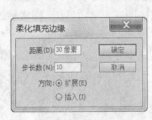

图 2-220　　　　　　　图 2-221

◎ 向内柔化填充边缘

选中图形如图 2-222 所示，选择"修改 > 形状 > 柔化填充边缘"命令，弹出"柔化填充边缘"对话框，在"距离"选项的数值框中输入 30，在"步长数"选项的数值框中输入 5，单击"插入"单选项，如图 2-223 所示，单击"确定"按钮，效果如图 2-224 所示。

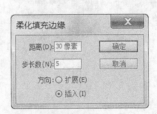

图 2-222　　　　　　　图 2-223　　　　　　　图 2-224

选中图形，选择"修改 > 形状 > 柔化填充边缘"命令，弹出"柔化填充边缘"对话框，在"距离"选项的数值框中输入 20，在"步长数"选项的数值框中输入 5，单击"插入"单选项，如图 2-225 所示，单击"确定"按钮，效果如图 2-226 所示。

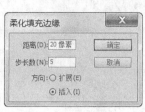

图 2-225 图 2-226

3. 橡皮擦工具

选择"橡皮擦"工具 ，在图形上想要删除的地方按下鼠标左键并拖动鼠标，图形被擦除，如图 2-227 所示。在工具箱下方的"橡皮擦形状"按钮 的下拉菜单中，可以选择橡皮擦的形状与大小。

如果想得到特殊的擦除效果，系统在工具箱的下方设置了 5 种擦除模式可供选择，如图 2-228 所示。

图 2-227 图 2-228

"标准擦除"模式：擦除同一层的线条和填充。选择此模式擦除图形的前后对照效果如图 2-229 所示。

"擦除填色"模式：仅擦除填充区域，其他部分（如边框线）不受影响。选择此模式擦除图形的前后对照效果如图 2-230 所示。

图 2-229 图 2-230

"擦除线条"模式：仅擦除图形的线条部分，但不影响其填充部分。选择此模式擦除图形的前后对照效果如图 2-231 所示。

"擦除所选填充"模式：仅擦除已经选择的填充部分，但不影响其他未被选择的部分。（如果场景中没有任何填充被选择，那么擦除命令无效。）选择此模式擦除图形的前后对照效果如图 2-232 所示。

图 2-231 图 2-232

"内部擦除"模式：仅擦除起点所在的填充区域部分，但不影响线条填充区域外的部分。选择此模式擦除图形的前后对照效果如图 2-233 所示。

图 2-233

要想快速删除舞台上的所有对象，双击"橡皮擦"工具 即可。

要想删除矢量图形上的线段或填充区域，可以选择"橡皮擦"工具 ，再选中工具箱中的"水龙头"按钮 ，然后单击舞台上想要删除的线段或填充区域即可，如图 2-234 和图 2-235 所示。

图 2-234   图 2-235

提　示　因为导入的位图和文字不是矢量图形，不能擦除它们的部分或全部，所以必须先选择"修改 > 分离"命令，将它们分离成矢量图形，才能使用橡皮擦工具擦除它们的部分或全部。

4. 自定义位图填充

选择"颜色"面板，在"颜色类型"选项的下拉列表中选择"位图填充"选项，如图 2-236 所示。弹出"导入到库"对话框，在对话框中选择要导入的图片，如图 2-237 所示。

图 2-236

图 2-237

单击"打开"按钮，图片被导入到"颜色"面板中，如图 2-238 所示。选择"矩形"工具 ，在场景中绘制出一个矩形，矩形被刚才导入的位图所填充，如图 2-239 所示。

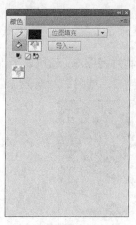

图 2-238	图 2-239

选择"渐变变形"工具，在填充位图上单击，出现控制点。向内拖曳左下方的圆形控制点，如图 2-240 所示，松开鼠标后的效果如图 2-241 所示。向上拖曳右上方的圆形控制点，改变填充位图的角度，如图 2-242 所示。松开鼠标后的效果如图 2-243 所示。

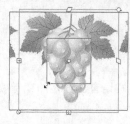
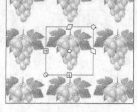
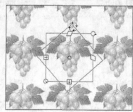
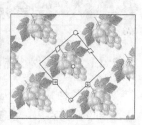

图 2-240	图 2-241	图 2-242	图 2-243

2.2.5　【实战演练】绘制婚礼卡

使用位图填充制作背景图效果；使用任意变形工具改变位图图片的大小；使用"导入到舞台"命令导入素材图片；使用移动工具调整图片的位置。（最终效果参看光盘中的"Ch02 > 效果 > 绘制婚礼卡"，见图 2-244。）

2.3　综合演练——绘制圣诞贺卡

图 2-244

2.3.1　【案例分析】

绘制的圣诞树贺卡是专为圣诞这一节日所准备的，所以卡片要求符合圣诞的欢乐气氛，以圣诞节的相关元素作为主要设计元素，并且能够表达出节日欢乐、温馨的感觉。

2.3.2　【设计理念】

在设计过程中，朦胧的月色以及飘雪的冬日背景营造了一种温馨、舒适、安详的节日氛围，雪地中的圣诞树色彩艳丽，红绿搭配很好地烘托了节日的欢乐，使人感受到节日的欢庆和喜悦，让人印象深刻。

2.3.3 【知识要点】

使用铅笔工具绘制雪山图形；使用椭圆工具绘制月亮图形；使用刷子工具绘制彩带图形。（最终效果参看光盘中的"Ch02 > 效果 > 绘制圣诞贺卡"，见图 2-245。）

图 2-245

2.4 综合演练——绘制彩虹贺卡

2.4.1 【案例分析】

电子贺卡用于联络感情和互致问候，深受人们的喜爱，具有温馨的祝福语言，丰富的视觉效果，既方便又实用。绘制彩虹贺卡要求色彩丰富，表现出欢乐的氛围。

2.4.2 【设计理念】

在设计过程中，丰富而艳丽的色彩是卡片的一大特色。首先使用背景的发光效果，形成强烈的视觉冲击，然后绘制起伏的山坡增加画面的层次感，明媚的阳光搭配绿草蓝天，展现出一片温馨欢快、轻松闲适的氛围，让人心情舒畅。

2.4.3 【知识要点】

使用钢笔工具和变形面板制作发光图形；使用钢笔工具和颜色面板绘制山坡图形；使用椭圆工具、柔化填充边缘制作太阳图形；使用导入命令将图形导入到舞台窗口中。（最终效果参看光盘中的"Ch02 > 效果 > 绘制彩虹贺卡"，见图 2-246。）

图 2-246

第3章 标志制作

标志代表着企业的形象和文化，以及企业的服务水平、管理机制和综合实力，标志动画可以在动态视觉上为企业进行形象推广。本章将主要介绍 Flash 标志动画中标志的导入以及动画的制作方法，同时介绍如何应用不同的颜色设置和动画方式来更准确地诠释企业的精神。

课堂学习目标

- 掌握标志的设计思路
- 掌握标志的制作方法
- 掌握标志的应用技巧

3.1 绘制啤酒标志

3.1.1 【案例分析】

本案例是为喜乐啤酒公司制作的啤酒标志。啤酒的口味清爽，营养成分丰富，是旅行、聚会时经常喝的酒。在标志设计上要求简洁流畅、颜色对比鲜明，同时符合公司的特征，能融入行业的理念和特色。

3.1.2 【设计理念】

在设计制作过程中，通过黄色和蓝色的对比背景营造出冰凉和冷静的氛围，起到衬托的作用。中间装满酒杯的啤酒图片醒目突出，展示其产品的特色。在字体设计上进行变形处理，表现出向上、进取的企业形象。通过蓝色飘带表现企业的精神风貌。（最终效果参看光盘中的"Ch03 > 效果 > 绘制啤酒标志"，见图 3-1。）

图 3-1

3.1.3 【操作步骤】

步骤 1 选择"文件 > 打开"命令，在弹出的"打开"对话框中选择"Ch03 > 素材 > 绘制啤酒标志 > 01"文件，单击"打开"按钮，如图 3-2 所示。

步骤 2 在"时间轴"面板中创建新图层并将其命名为"图片"，如图 3-3 所示。选择"文件 > 导入 > 导入到舞台"命令，在弹出的"导入"对话框中选择"Ch03 > 素材 > 绘制啤酒标志 > 02"文件，单击"打开"按钮，文件被导入到舞台窗口中，效果如图 3-4 所示。

图 3-2   图 3-3   图 3-4

步骤 3 单击"时间轴"面板下方的"新建图层"按钮，创建新图层并将其命名为"文字"。选择"文本"工具 T ，在文本工具"属性"面板中进行设置，在舞台窗口中适当的位置输入大小为 36、字体为"汉真广标"的白色文字，文字效果如图 3-5 所示。选择"选择"工具，选中文字，按两次 Ctrl+B 组合键将文字打散，效果如图 3-6 所示。

图 3-5   图 3-6

步骤 4 选择"修改 > 变形 > 封套"命令，在文字图形上出现控制点，如图 3-7 所示。将鼠标放在下方中间的控制点上，鼠标指针变为 形状，用鼠标拖曳控制点，如图 3-8 所示。用相同的方法调整文字图形上的其他控制点，使文字图形产生相应的变形，如图 3-9 所示。

图 3-7   图 3-8   图 3-9

步骤 5 选择"墨水瓶"工具 ，在墨水瓶工具"属性"面板中将"笔触颜色"设为蓝色（#005499），"笔触"选项设为 1.5，如图 3-10 所示，鼠标指针变为 形状，在"喜"文字外侧单击鼠标，为文字图形添加边线，效果如图 3-11 所示。使用相同的方法为其他文字添加边线，啤酒标志绘制完成，按 Ctrl+Enter 组合键即可查看效果，如图 3-12 所示。

图 3-10   图 3-11   图 3-12

3.1.4　【相关工具】

1．创建文本

◎ TLF 文本

TLF 文本是 Flash CS5 中新添加的一种文本引擎，也是 Flash CS5 中的默认文本类型。

选择"文本"工具 T，选择"窗口 > 属性"命令，弹出文本工具"属性"面板，如图 3-13 所示。

选择"文本"工具 T，在场景中单击鼠标插入点文本，如图 3-14 所示，直接输入文本即可，如图 3-15 所示。

图 3-13　　　　　图 3-14　　　　　　　　　图 3-15

选择"文本"工具 T，在场景中单击并按住鼠标左键，向右拖曳出一个文本框，如图 3-16 所示，在文本框中输入文字，文字被限定在文本框中，如果输入的文字较多，文本将会挤在一起，如图 3-17 所示。将鼠标放置在文本框右边的小方框上，如图 3-18 所示，向右拖曳文本框到适当的位置，如图 3-19 所示，文字将全部显示，效果如图 3-20 所示。

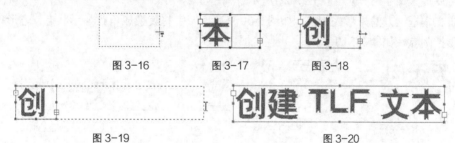

图 3-16　　　　　　图 3-17　　　　　　图 3-18

图 3-19　　　　　　　　　　　　图 3-20

提　示　默认情况下，输入的文本为点文本。若想将点文本更改为区域文本，可使用选择工具调整其大小或双击容器边框右下角的小圆圈。

单击文本工具"属性"面板中"可选"后的倒三角按钮，弹出 TFL 文本的 3 种类型，如图 3-21 所示。

只读：当作为 SWF 文件发布时，文本无法选中或编辑。

可选：当作为 SWF 文件发布时，文本可以选中并可复制到剪贴板中，但不可以编辑。对于 TLF 文本，此设置是默认设置。

可编辑：当作为 SWF 文件发布时，文本是可以选中和编辑的。

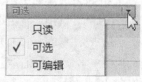

图 3-21

提 示 当使用 TLF 文本时，在"文本 > 字体"菜单中找不到"PostScript"字体。如果对 TLF 文本对象使用了某种"PostScript"字体，Flash 会将此字体替换为 _sans 设备字体。

TLF 文本要求在 FLA 文件的发布设置中指定 ActionScript 3.0、Flash Player 10 或更高版本。

在创作时，不能将 TLF 文本用作图层蒙版。要创建带有文本的遮罩层，请使用 ActionScript 3.0 创建遮罩层，或者为遮罩层使用传统文本。

◎ **传统文本**

选择"文本"工具 T，选择"窗口 > 属性"命令，弹出文本工具"属性"面板，如图 3-22 所示。

将鼠标放置在场景中，鼠标指针变为十形状。在场景中单击鼠标，出现文本输入光标，如图 3-23 所示。直接输入文字即可，如图 3-24 所示。

用鼠标在场景中单击并按住鼠标左键，向右下角方向拖曳出一个文本框，如图 3-25 所示。松开鼠标，出现文本输入光标，如图 3-26 所示。在文本框中输入文字，文字被限定在文本框中，如果输入的文字较多，会自动转到下一行显示，如图 3-27 所示。

图 3-22

图 3-23　　　　图 3-24　　　　　　图 3-25　　　　　　　图 3-26　　　　　图 3-27

用鼠标向左拖曳文本框上方的方形控制点，可以缩小文字的行宽，如图 3-28 所示。向右拖曳控制点可以扩大文字的行宽，如图 3-29 所示。

双击文本框上方的方形控制点，如图 3-30 所示，文字将转换成单行显示状态，方形控制点转换为圆形控制点，如图 3-31 所示。

图 3-28　　　　　图 3-29　　　　　图 3-30　　　　　图 3-31

2. 文本属性

下面以"传统文本"为例对各文字调整选项逐一介绍。文本属性面板如图 3-32 所示。

◎ **设置文本的字体、字体大小、样式和颜色**

"系列"选项：设定选定字符或整个文本块的文字字体。

选中文字如图 3-33 所示，选择文本工具"属性"面板，在"字符"选项组中单击"系列"选项，在弹出的下拉列表中选择要转换的字体，如图 3-34 所示，单击鼠标，文字的字体被转换，效果如图 3-35 所示。

图 3-32

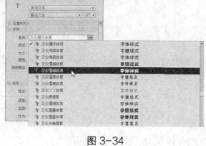

图 3-33   图 3-34   图 3-35

"大小"选项：设定选定字符或整个文本块的文字大小。选项值越大，文字越大。

选中文字如图 3-36 所示，在文本工具"属性"面板中选择"大小"选项，在其数值框中输入设定的数值，或用鼠标拖动其右侧的滑动条来进行设定，如图 3-37 所示，文字的字号变小，如图 3-38 所示。

图 3-36   图 3-37   图 3-38

"文本（填充）颜色"按钮■■：为选定字符或整个文本块的文字设定颜色。

选中文字如图 3-39 所示，在文本工具"属性"面板中单击"颜色"按钮，弹出颜色面板，选择需要的颜色，如图 3-40 所示，为文字替换颜色，如图 3-41 所示。

图 3-39   图 3-40   图 3-41

提　示　文字只能使用纯色，不能使用渐变色。要想为文本添加渐变色，必须将该文本转换为组成它的线条和填充。

"改变文本方向"按钮 ≣ ▼：在其下拉列表中选择需要的选项可以改变文字的排列方向。

选中文字如图 3-42 所示，单击"改变文本方向"按钮 ≣ ▼，在其下拉列表中选择"垂直"命令，如图 3-43 所示，文字将从左向右排列，效果如图 3-44 所示。如果在其下拉列表中选择"垂直，从左向右"命令，如图 3-45 所示，文字将从右向左排列，效果如图 3-46 所示。

图 3-42　　　　图 3-43 　　　　图 3-44　　　　图 3-45 　　　　图 3-46

"字母间距"选项 字母间距: 0.0 ：通过设置需要的数值控制字符之间的相对位置。

设置不同的文字间距，文字的效果如图 3-47 所示。

（a）间距为 0 时效果　　　（b）缩小间距后效果　　　（c）扩大间距后效果

图 3-47

"上标"按钮 T：可将水平文本放在基线之上或将垂直文本放在基线的右边。

"下标"按钮 T：可将水平文本放在基线之下或将垂直文本放在基线的左边。

选中要设置字符位置的文字，单击"上标"按钮，文字在基线以上，如图 3-48 所示。

图 3-48

设置不同字符位置，文字的效果如图 3-49 所示。

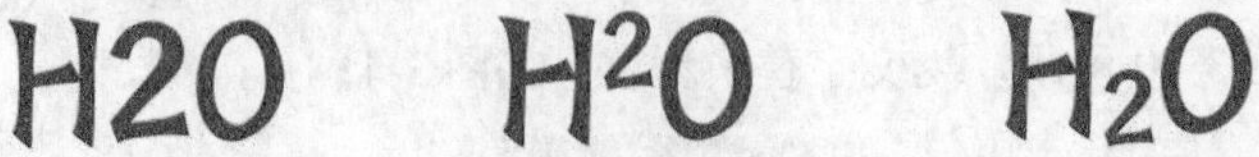

（a）正常位置　　　　（b）上标位置　　　　（c）下标位置

图 3-49

◎ **设置字符与段落**

文本排列方式按钮可以将文字以不同的形式进行排列。

"左对齐"按钮 ≡：将文字以文本框的左边线进行对齐。

"居中对齐"按钮 ≡：将文字以文本框的中线进行对齐。

"右对齐"按钮 ≡：将文字以文本框的右边线进行对齐。

"两端对齐"按钮 ≡：将文字以文本框的两端进行对齐。

在舞台窗口输入一段文字，选择不同的排列方式，文字排列的效果如图 3-50 所示。

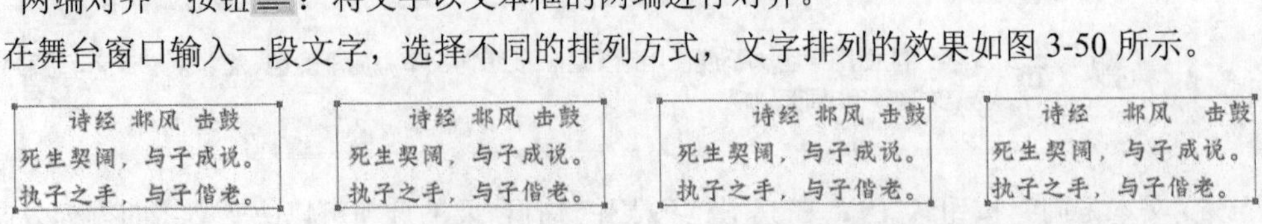

（a）左对齐　　　　（b）居中对齐　　　　（c）右对齐　　　　（d）两端对齐

图 3-50

"缩进"选项 ⁺≡：用于调整文本段落的首行缩进。

"行距"选项 ⁐：用于调整文本段落的行距。

"左边距"选项 ⁐：用于调整文本段落的左侧间隙。

"右边距"选项 ⁐：用于调整文本段落的右侧间隙。

选中文本段落，如图 3-51 所示，在"段落"选项中进行设置，如图 3-52 所示，文本段落的格式发生改变，如图 3-53 所示。

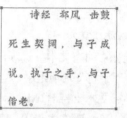

图 3-51　　　　　　图 3-52　　　　　　图 3-53

◎ 字体呈现方法

Flash CS5 中有 5 种不同的字体呈现选项，如图 3-54 所示。通过设置可以得到不同的样式。

"使用设备字体"：此选项生成一个较小的 SWF 文件。此选项使用最终用户计算机上当前安装的字体来呈现文本。

图 3-54

"位图文本（无消除锯齿）"：此选项生成明显的文本边缘，没有消除锯齿。因为此选项生成的 SWF 文件中包含字体轮廓，所以生成一个较大的 SWF 文件。

"动画消除锯齿"：此选项生成可顺畅进行动画播放的消除锯齿文本。因为在文本动画播放时没有应用对齐和消除锯齿，所以在某些情况下，文本动画还可以更快地播放。在使用带有许多字母的大字体或缩放字体时，可能看不到性能上的提高。因为此选项生成的 SWF 文件中包含字体轮廓，所以生成一个较大的 SWF 文件。

"可读性消除锯齿"：此选项使用高级消除锯齿引擎。此选项提供了品质最高的文本，具有最易读的文本。因为此选项生成的文件中包含字体轮廓，以及特定的消除锯齿信息，所以生成最大的 SWF 文件。

"自定义消除锯齿"：此选项与"可读性消除锯齿"选项相同，但是可以直观地操作消除锯齿参数，以生成特定外观。此选项在为新字体或不常见的字体生成最佳的外观方面非常有用。

◎ 设置文本超链接

"链接"选项：可以在选项的文本框中直接输入网址，使当前文字成为超级链接文字。

"目标"选项：可以设置超级链接的打开方式，共有以下 4 种方式可以选择。

"_blank"：链接页面在新开的浏览器中打开。

"_parent"：链接页面在父框架中打开。

"_self"：链接页面在当前框架中打开。

"_top"：链接页面在默认的顶部框架中打开。

选中文字如图 3-55 所示，选择文本工具"属性"面板，在"链接"选项的文本框中输入链接的网址，如图 3-56 所示，在"目标"选项中设置好打开方式，设置完成后文字的下方出现下划线，表示已经链接，如图 3-57 所示。

跳转到百度页面

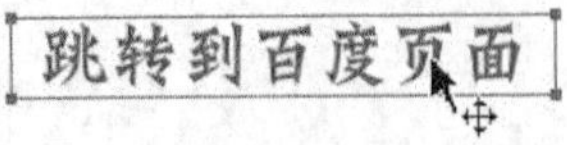

图 3-55   图 3-56    图 3-57

◎ **静态文本**

选择"静态文本"选项,"属性"面板如图 3-58 所示。

"可选"按钮 ：选择此项,当文件输出为 SWF 格式时,可以对影片中的文字进行选取、复制操作。

◎ **动态文本**

选择"动态文本"选项,"属性"面板如图 3-59 所示。动态文本可以作为对象来应用。

在"字符"选项组中,"实例名称"选项:可以设置动态文本的名称;"将文本呈现为 HTML"选项 ：文本支持 HTML 标签特有的字体格式、超级链接等超文本格式;"在文本周围显示边框"选项 ：可以为文本设置白色的背景和黑色的边框。

在"段落"选项组中的"行为"选项包括单行、多行和多行不换行。"单行":文本以单行方式显示。"多行":如果输入的文本大于设置的文本限制,输入的文本将被自动换行。"多行不换行":输入的文本为多行时,不会自动换行。

在"选项"选项组中的"变量"选项可以将该文本框定义为保存字符串数据的变量。此选项需结合动作脚本使用。

◎ **输入文本**

选择"输入文本"选项,"属性"面板如图 3-60 所示。

"段落"选项组中的"行为"选项新增加了"密码"选项,选择此选项,当文件输出为 SWF 格式时,影片中的文字将显示为星号****。

"选项"选项组中的"最大字符数"选项,可以设置输入文字的最多数值。默认值为 0,即为不限制。如设置数值,此数值即为输出 SWF 影片时,显示文字的最多数目。

图 3-58

图 3-59

图 3-60

◎ **变形文本**

在舞台窗口输入需要的文字,并选中文字,如图 3-61 所示。按两次 Ctrl+B 组合键将文字打散,如图 3-62 所示。

选择"修改 > 变形 > 封套"命令,在文字的周围出现控制点,如图 3-63 所示。拖动控制点,改变文字的形状,如图 3-64 所示,变形完成后文字效果如图 3-65 所示。

图 3-61

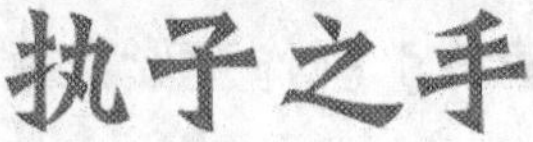

图 3-62

图 3-63

图 3-64

图 3-65

◎ **分离对象**

要修改多个图形的组合、图像、文字或组件的一部分时，可以使用"修改 > 分离"命令。另外，制作变形动画时，需用"分离"命令将图形的组合、图像、文字或组件转变成图形。

选中图形组合，如图 3-66 所示。选择"修改 > 分离"命令，或按 Ctrl+B 组合键，将组合的图形打散，多次使用"分离"命令的效果如图 3-67 所示。

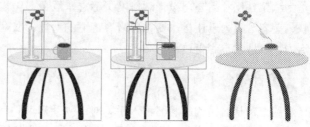

图 3-66

图 3-67

◎ **墨水瓶工具**

使用墨水瓶工具可以修改矢量图形的边线。打开 02 文件，如图 3-68 所示。选择"墨水瓶"工具 ，在"属性"面板中设置笔触颜色、笔触大小以及笔触样式，如图 3-69 所示。

图 3-68

图 3-69

这时，鼠标指针变为 形状，在图形上单击鼠标，为图形增加设置好的边线，如图 3-70 所示。在"属性"面板中设置不同的属性，所绘制的边线效果也不同，如图 3-71 所示。

图 3-70

图 3-71

3.1.5 【实战演练】制作变形文字

导入素材作为图案效果；使用文本工具输入标题文字；使用文本"属性"面板改变文字的大小和颜色；使用"分离"命令将文字打散；使用封套命令改变文字的形状；使用颜色面板调整渐变色；使用墨水瓶工具添加文字边线。（最终效果参看光盘中的"Ch03 > 效果 > 制作变形文字"，见图 3-72。）

图 3-72

3.2 制作化妆品网页标志

3.2.1 【案例分析】

本例是为欧朵露化妆品公司设计制作网页标志。欧朵露化妆品公司的产品主要针对的客户是热衷于护肤、美容，致力于让自己变得更青春美丽的女性。在网页标志设计上希望能表现出青春的气息和活力，创造出青春奇迹。

3.2.2 【设计理念】

在设计思路上，从公司的品牌名称入手，对"欧朵露"3 个文字进行精心的变形设计和处理，文字设计后的风格和品牌定位紧密结合，充分表现了青春女性的活泼和生活气息。标志颜色采用粉色、白色为基调，通过色彩来体现出甜美、温柔的青春女性气质。（最终效果参看光盘中的"Ch03 > 效果 > 制作化妆品网页标志"，见图 3-73。）

图 3-73

3.2.3 【操作步骤】

1. 输入文字

步骤 1 选择"文件 > 新建"命令，在弹出的"新建文档"对话框中选择"ActionScript 3.0"选项，单击"确定"按钮，进入新建文档舞台窗口。按 Ctrl+F3 组合键，弹出文档"属性"面板，单击面板中的"编辑"按钮 编辑... ，弹出"文档设置"对话框，将舞台窗口的宽设为 550，高设为 340，单击"确定"按钮，改变舞台窗口的大小。

步骤 2 按 Ctrl+L 组合键，调出"库"面板，在"库"面板下方单击"新建元件"按钮 ，弹出"创建新元件"对话框，在"名称"选项的文本框中输入"标志"，在"类型"选项的下拉列表中选择"图形"，单击"确定"按钮，新建图形元件"标志"，如图 3-74 所示，舞台窗口也随之转换为图形元件的舞台窗口。

步骤 3 将"图层 1"重新命名为"文字"。选择"文本"工具 ，在文本"属性"面板中进行设置，在舞台窗口中输入需要的黑色文字，效果如图 3-75 所示。选中文字，按两次 Ctrl+B 组合键将文字打散，效果如图 3-76 所示。

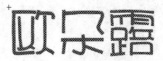

图 3-74　　　　　　　图 3-75　　　　　　　　　图 3-76

2. 删除笔画

步骤 1 选择 "套索" 工具 ，选中工具箱下方的 "多边形模式" 按钮 ，圈选 "欧" 字右下角的笔画，如图 3-77 所示，按 Delete 键将其删除，效果如图 3-78 所示。

步骤 2 选择 "选择" 工具 ，在 "朵" 字的中部拖曳出一个矩形，如图 3-79 所示。按 Delete 键将其删除，效果如图 3-80 所示。用相同的方法删除其他文字笔画，制作出如图 3-81 所示的效果。

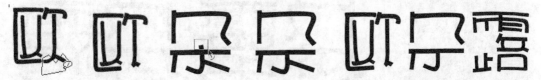

图 3-77　　　　　图 3-78　　　　　图 3-79　　　　　图 3-80　　　　　　　图 3-81

3. 钢笔绘制路径

步骤 1 单击 "时间轴" 面板下方的 "新建图层" 按钮 ，创建新图层并将其命名为 "钢笔绘制"。选择 "钢笔" 工具 ，在钢笔 "属性" 面板中，将笔触颜色设为黑色，在 "欧" 字的上方单击鼠标，设置起始点，如图 3-82 所示。在左侧的空白处单击，设置第 2 个节点，按住鼠标左键不放，向右拖曳控制手柄，调节控制手柄改变路径的弯度，效果如图 3-83 所示。

步骤 2 使用相同的方法，应用 "钢笔" 工具 绘制出边线效果，如图 3-84 所示。在工具箱的下方将填充色设为黑色，选择 "颜料桶" 工具 ，在边线内部单击鼠标填充图形，效果如图 3-85 所示。

图 3-82　　　　　　图 3-83　　　　　　　图 3-84　　　　　　　图 3-85

步骤 3 选择 "选择" 工具 ，双击边线将其选中，如图 3-86 所示，按 Delete 键将其删除。使用相同的方法绘制其他图形，效果如图 3-87 所示。

图 3-86　　　　　　　　　　图 3-87

4. 铅笔绘制

步骤 1 单击"时间轴"面板下方的"新建图层"按钮，创建新图层并将其命名为"画笔修改"。选择"铅笔"工具，在铅笔"属性"面板中将"笔触颜色"选项设为黑色，其他选项的设置如图 3-88 所示。

步骤 2 在工具箱的下方"铅笔模式"选项组的下拉列表中选择"伸直"选项。在"朵"字的下方绘制出一条直线，效果如图 3-89 所示。用相同的方法再次绘制一条直线，效果如图 3-90 所示。

图 3-88　　　　　　　　图 3-89　　　　　　　　　图 3-90

5. 添加花朵图案

步骤 1 选择"椭圆"工具，在工具箱中将笔触颜色设为无，填充色设为黑色，选中下方的"对象绘制"按钮。在舞台窗口中绘制一个椭圆形，效果如图 3-91 所示。

步骤 2 选择"部分选取"工具，在椭圆形的外边线上单击，出现多个节点，如图 3-92 所示。单击需要的节点，按 Delete 键将其删除，效果如图 3-93 所示。使用相同的方法，删除其他节点，如图 3-94 所示。

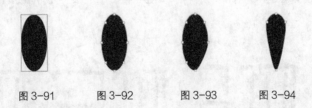

图 3-91　　　　图 3-92　　　　图 3-93　　　　图 3-94

步骤 3 选择"任意变形"工具，单击图形，出现控制点，将中心点移动到如图 3-95 所示的位置，按 Ctrl+T 组合键，弹出"变形"面板，单击"重制选区和变形"按钮，复制出一个图形，将"旋转"选项设为 45，如图 3-96 所示，图形效果如图 3-97 所示。

步骤 4 再单击"重制选区和变形"按钮6 次，复制出 6 个图形，效果如图 3-98 所示。

图 3-95　　　　　　图 3-96　　　　　　图 3-97　　　　　　图 3-98

步骤 5 选择"选择"工具 ，拖曳图形到"朵"字的上部，效果如图 3-99 所示。按住 Alt 键，
用鼠标选中图形，并拖曳到"欧"字的左下方，复制当前选中的图形，效果如图 3-100 所示。
用相同的方法再次复制图形，选择"任意变形"工具 将其放大，效果如图 3-101 所示。

图 3-99　　　　　　　　　图 3-100　　　　　　　　　图 3-101

6. 添加底图

步骤 1 单击舞台窗口左上方的"场景 1"图标 ，进入"场景 1"的舞台窗口。选择"窗口
> 颜色"命令，弹出"颜色"面板，在"类型"选项的下拉列表中选择"径向渐变"，在色
带上将左边的颜色控制点设为粉色（#E25CB7），将右边的颜色控制点设为紫色（#9C1981），
生成渐变色，如图 3-102 所示。选择"椭圆"工具 ，在椭圆"属性"面板中的设置如图
3-103 所示。在舞台窗口中绘制椭圆形，效果如图 3-104 所示。

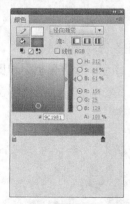

图 3-102　　　　　　图 3-103　　　　　　图 3-104

步骤 2 将"库"面板中的元件"标志"拖曳到舞台窗口中，效果如图 3-105 所示。选中图形元
件，选择图形"属性"面板，在"样式"选项的下拉列表中选择"色调"，将颜色设为紫色
（#A11E85），如图 3-106 所示，舞台窗口中的效果如图 3-107 所示。

中等职业教育数字艺术类规划教材

图 3-105 　　　　　　　　图 3-106 　　　　　　　　图 3-107

步骤 3 调出"变形"面板，单击面板下方的"复制选区和变形"按钮，复制元件。在图形"属性"面板中的"样式"选项下拉列表中选择"色调"，各选项的设置如图 3-108 所示，舞台效果如图 3-109 所示。

步骤 4 选择"选择"工具，拖曳图形原件到适当的位置，使文字产生阴影效果。化妆品公司网页标志效果制作完成，如图 3-110 所示，按 Ctrl+Enter 组合键即可查看效果。

图 3-108 　　　　　　　　图 3-109 　　　　　　　　图 3-110

3.2.4 【相关工具】

1. 套索工具

选择"套索"工具，在场景中导入一幅位图，按 Ctrl+B 组合键将位图进行分离。用鼠标在位图上任意勾选想要的区域，形成一个封闭的选区，如图 3-111 所示。松开鼠标，选区中的图像被选中，如图 3-112 所示。

图 3-111 　　　　　　　　　　图 3-112

在选择"套索"工具后，工具箱的下方出现如图 3-113 所示的按钮。

"魔术棒"按钮：以点选的方式选择颜色相似的位图图形。

选中"魔术棒"按钮，将鼠标放在位图上，鼠标指针变为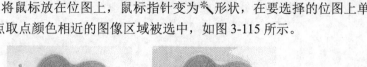形状，在要选择的位图上单击鼠标，如图 3-114 所示。与点取点颜色相近的图像区域被选中，如图 3-115 所示。

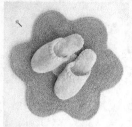

图 3-113   图 3-114   图 3-115

"魔术棒设置"按钮：可以用来设置魔术棒的属性，应用不同的属性，魔术棒选取的图像区域大小各不相同。

单击"魔术棒设置"按钮，弹出"魔术棒设置"对话框，如图 3-116 所示。

图 3-116

在"魔术棒设置"对话框中设置不同数值后，所产生的不同效果如图 3-117 所示。

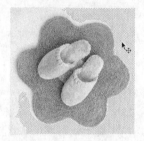

（a）阈值为 10 时选取图像的区域   （b）阈值为 50 时选取图像的区域

图 3-117

"多边形模式"按钮：可以用鼠标精确地勾画想要选中的图像。

选中"多边形模式"按钮，在图像上单击鼠标，确定第一个定位点，松开鼠标并将鼠标移至下一个定位点，再次单击鼠标，用相同的方法直到勾画出想要的图像，并使选取区域形成一个封闭的状态，如图 3-118 所示。双击鼠标，选区中的图像被选中，如图 3-119 所示。

图 3-118   图 3-119

2. 部分选取工具

选择"部分选取"工具，在对象的外边线上单击，对象上出现多个节点，如图 3-120 所示。

拖动节点来调整控制线的长度和斜率，从而改变对象的曲线形状，如图 3-121 所示。

图 3-120   图 3-121

 提 示 若要增加图形上的节点，可使用"钢笔"工具 在图形上单击。

在改变对象的形状时，"部分选取"工具 的指针会产生不同的变化，其表示的含义也不同。

带黑色方块的指针 ：当鼠标放置在节点以外的线段上时，指针变为 形状，如图 3-122 所示。这时，可以移动对象到其他位置，如图 3-123 和图 3-124 所示。

图 3-122   图 3-123   图 3-124

带白色方块的指针 ：当鼠标放置在节点上时，指针变为 形状，如图 3-125 所示。这时，可以移动单个的节点到其他位置，如图 3-126 和图 3-127 所示。

图 3-125   图 3-126   图 3-127

变为小箭头的指针 ：当鼠标放置在节点调节手柄的尽头时，指针变为 形状，如图 3-128 所示。这时，可以调节与该节点相连的线段的弯曲度，如图 3-129 和图 3-130 所示。

图 3-128   图 3-129   图 3-130

提　示　在调整节点的手柄时，调整一个手柄，另一个相对的手柄也会随之发生变化。如果只想调整其中的一个手柄，按住 Alt 键再进行调整即可。

此外，我们还可以将直线节点转换为曲线节点，并进行弯曲度调节。选择"部分选取"工具 ，在对象的外边线上单击，对象上显示出节点，如图 3-131 所示。用鼠标单击要转换的节点，节点从空心变为实心，表示可编辑，如图 3-132 所示。

按住 Alt 键，用鼠标将节点向外拖曳，节点增加出两个可调节手柄，如图 3-133 所示。应用调节手柄可调节线段的弯曲度，如图 3-134 所示。

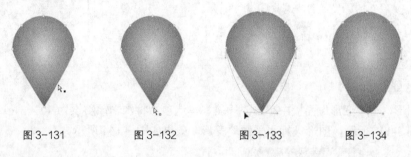

图 3-131　　　　　图 3-132　　　　　图 3-133　　　　　图 3-134

3. "变形" 面板

选择"窗口 > 变形"命令，弹出"变形"面板，如图 3-135 所示。

"宽度" ↔ 100.0 % 和"高度" ↕ 100.0 % 选项：用于设置图形的宽度和高度。

"约束" 选项：用于约束"宽度"和"高度"选项，使图形能够成比例地变形。

"旋转"选项：用于设置图形的角度。

"倾斜"选项：用于设置图形的水平倾斜或垂直倾斜。

"重置选区和变形"按钮 ：用于复制图形并将变形设置应用于图形。

"取消变形"按钮 ：用于将图形属性恢复到初始状态。

"变形"面板中的设置不同，所产生的效果也各不相同。导入 06 素材，如图 3-136 所示。

选中图片，在"变形"面板中将"宽度"选项设为 50%，按 Enter 键确定操作，如图 3-137 所示，图形的宽度被改变，效果如图 3-138 所示。

图 3-135　　　　　图 3-136　　　　　图 3-137　　　　　图 3-138

选中图形，在"变形"面板中单击"约束"按钮 ，将"缩放宽度"选项设为 50%，"缩放高度"选项也随之变为 50%，按 Enter 键确定操作，如图 3-139 所示，图形的宽度和高度成比例地缩小，效果如图 3-140 所示。

选中图形，在"变形"面板中单击"约束"按钮，将旋转角度设为 50°，按 Enter 键确定操作，如图 3-141 所示，图形被旋转，效果如图 3-142 所示。

图 3-139　　　　　　图 3-140　　　　　　图 3-141　　　　　　图 3-142

选中图形，在"变形"面板中单击"倾斜"单选项，将水平倾斜设为 40°，按 Enter 键确定操作，如图 3-143 所示，图形进行水平倾斜变形，效果如图 3-144 所示。

图 3-143　　　　　　　　　　　　图 3-144

选中图形，在"变形"面板中单击"倾斜"单选项，将垂直倾斜设为-20，按 Enter 键确定操作，如图 3-145 所示，图形进行垂直倾斜变形，效果如图 3-146 所示。

选中图形，在"变形"面板中，将旋转角度设为 60°，单击"重置选区和变形"按钮，如图 3-147 所示，图形被复制并沿其中心点旋转了 60°，效果如图 3-148 所示。

图 3-145　　　　　　图 3-146　　　　　　图 3-147　　　　　　图 3-148

再次单击"重置选区和变形"按钮，图形再次被复制并旋转了 60°，如图 3-149 所示，此时，面板中显示旋转角度为180°，表示复制出的图形当前角度为180°，如图3-150所示。

图3-149　　　　　　　　　　　　　图3-150

3.2.5　【实战演练】制作时尚网络标志

使用选择工具和套索工具删除多余的笔画；使用部分选取工具将文字变形；使用椭圆工具和钢笔工具添加艺术笔画。（最终效果参看光盘中的"Ch03 > 效果 > 制作时尚网络标志"，见图3-151。）

图3-151

3.3　综合演练——制作网络公司网页标志

3.3.1　【案例分析】

本案例是为航克斯网络公司制作网页标志。标志具有识别性、功能性、多样性等特点，是一种非语言的独特传达方式，所以标志设计要求具有很强的识别性和公司特色。

3.3.2　【设计理念】

在设计制作过程中，使用蓝色系同色渐变表现出公司沉着、冷静的企业理念，将公司名称"航克斯"进行艺术处理变化，使文字具有流动飘逸之感，通过字体的变化体现出公司的效率、速度，以及向上的企业形象，蓝白对比搭配看起来干净清爽，符合公司的形象。

3.3.3　【知识要点】

本例将使用文本工具输入标志名称；使用钢笔工具添加画笔效果；使用属性面板改变元件的颜色，使标志产生阴影效果。（最终效果参看光盘中的"Ch03 > 效果 > 制作网络公司网页标志"，见图3-152。）

图 3-152

3.4 综合演练——制作传统装饰图案网页标志

3.4.1 【案例分析】

本案例是为设计公司设计制作公司标志。设计公司的主要目的是通过专业的眼光和技术手段，让客户享受美的视觉和精神感受，让客户的生活更加丰富，所以在标志设计上要求也相对专业，既要体现公司的行业特点还要独具特色。

3.4.2 【设计理念】

在设计制作过程中，标志大量使用与中国传统文化相关的元素，蓝绿的底色，时尚又不失传统，方形的边框使用传统纹样描边，圆形的吉祥图案与吉祥文字相得益彰，整体标志和谐统一，独具特色。

3.4.3 【知识要点】

本例将使用属性面板改变元件的颜色；使用遮罩层命令制作文字遮罩效果；使用将线条转换为填充命令制作将线条转换为图形效果。（最终效果参看光盘中的"Ch03 > 效果 > 制作传统装饰图案网页标志"，见图3-153。）

图 3-153

第4章 广告设计

广告可以帮助公司树立品牌、提升知名度、提高销售量。本章以制作多个主题的广告为例,介绍广告的设计方法和制作技巧。读者通过本章的学习,可以掌握广告的设计思路和制作要领,从而创作出完美的网络广告。

 课堂学习目标

- 了解广告的表现形式
- 掌握广告动画的设计思路
- 掌握广告动画的制作方法和技巧

4.1 制作葡萄酒广告

4.1.1 【案例分析】

葡萄酒是具有多种营养成分的高级饮料。葡萄酒能对维持和调节人体的生理机能起到良好的作用。本例是为加州波特佳干红葡萄酒设计的广告。在广告的设计上要表现出品牌的魅力,要调动形象、色彩、构图、形式等元素营造出强烈的视觉效果,使主题更加突出明确。

4.1.2 【设计理念】

在设计制作过程中,通过墨绿色的背景营造出神秘高贵的氛围,起到反衬的效果,突出前方产品和文字。模糊的葡萄酒庄背景增添了画面的美感,构图整齐,突出产品。广告的整体设计简约明快,整体采用绿色,观赏性很强,并且提升了品牌的档次。(最终效果参看光盘中的"Ch04 > 效果 > 制作葡萄酒广告",见图4-1。)

图4-1

4.1.3 【操作步骤】

步骤 1 选择"文件 > 新建"命令,在弹出的"新建文档"对话框中选择"ActionScript 3.0"选项,单击"确定"按钮,进入新建文档舞台窗口。按 Ctrl+F3 组合键,弹出文档"属性"面板,单击面板中的"编辑"按钮 编辑… ,弹出"文档设置"对话框,将"宽度"选项为596,"高度"选项设为842,单击"确定"按钮，改变舞台窗口的大小。

步骤 2 将"图层 1"重命名为"底图"，选择"文件 > 导入 > 导入到舞台"命令，在弹出的"导入到舞台"对话框中选择"Ch04 > 素材 > 制作葡萄酒广告 > 01"文件，单击"打开"按钮，文件被导入到舞台窗口中，如图 4-2 所示。

步骤 3 选择"修改 > 位图 > 转换位图为矢量图"命令，弹出"转换位图为矢量图"对话框，在对话框中进行设置，如图 4-3 所示。单击"确定"按钮，效果如图 4-4 所示。

步骤 4 选择"文件 > 导入 > 导入到库"命令，在弹出的"导入到库"对话框中选择"Ch04 > 素材 > 制作葡萄酒广告 > 02、03"文件，单击"打开"按钮，将文件导入到"库"面板中，如图 4-5 所示。

 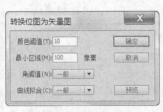  

图 4-2　　　　　　　图 4-3　　　　　　　图 4-4　　　　　　　图 4-5

步骤 5 单击"时间轴"面板下方的"新建图层"按钮 创建新图层，并将其命名为"葡萄酒"，如图 4-6 所示。将"库"面板中的位图"02.png"拖曳到舞台窗口中适当的位置，效果如图 4-7 所示。

步骤 6 单击"时间轴"面板下方的"新建图层"按钮 创建新图层，并将其命名为"文字"，如图 4-8 所示。将"库"面板中的位图"03.png"拖曳到舞台窗口中适当的位置，效果如图 4-9 所示。葡萄酒广告制作完成，按 Ctrl+Enter 组合键即可查看效果。

图 4-6　　　　　　　图 4-7　　　　　　　图 4-8　　　　　　　图 4-9

4.1.4 【相关工具】

1. 将位图转换为矢量图

导入并选中位图 01 图片，如图 4-10 所示。选择"修改 > 位图 > 转换位图为矢量图"命令，弹出"转换位图为矢量图"对话框，如图 4-11 所示。单击"确定"按钮，位图转换为矢量图，如

图 4-12 所示。

<table>
<tr><td>图 4-10</td><td>图 4-11</td><td>图 4-12</td></tr>
</table>

"颜色阈值"选项：设置将位图转换为矢量图时的色彩细节。数值的输入范围为 0～500，该值越大，图像越细腻。

"最小区域"选项：设置将位图转换为矢量图时色块的大小。数值的输入范围为 0～1000，该值越大，色块越大。

"角阈值"选项：定义角转换的精细程度。

"曲线拟合"选项：设置在转换过程中对色块处理的精细程度。图形转化时边缘越光滑，对原图像细节的失真程度越高。

在"转换位图为矢量图"对话框中，设置不同的数值，所产生的效果也不相同，如图 4-13 所示。

图 4-13

将位图转换为矢量图后，可以应用"颜料桶"工具 为其重新填色。

选择"颜料桶"工具 ，在工具箱中将"填充颜色"设置为橙色（#FF9900），在图形的黄色区域单击，将黄色区域填充为橙色，如图 4-14 所示。

将位图转换为矢量图后，还可以用"滴管"工具 对图形进行采样，然后将其用作填充。

选择"滴管"工具 ，鼠标指针变为 形状，在黄色块上单击，吸取黄色的色彩值，如图 4-15 所示，吸取后，鼠标指针变为 形状，在橙色区域上单击，用黄色进行填充，将橙色区域全部转换为黄色，如图 4-16 所示。

中
等
职
业
教
育
数
字
艺
术
类
规
划
教
材

图 4-14   图 4-15   图 4-16

2. 测试动画

动画在制作完成后，要对其进行测试，可以通过以下多种方法来测试动画。

◎ 应用"控制器"面板

选择"窗口 > 工具栏 > 控制器"命令，弹出"控制器"面板，如图 4-17 所示。

"停止"按钮 ■：用于停止播放动画。

"转到第一帧"按钮 ⏮：用于将动画返回到第 1 帧并停止播放。

"后退一帧"按钮 ◀：用于将动画逐帧向后播放。

"播放"按钮 ▶：用于播放动画。

"前进一帧"按钮 ▐▶：用于将动画逐帧向前播放。

图 4-17

"转到最后一帧"按钮 ⏭：用于将动画跳转到最后 1 帧并停止播放。

◎ 应用"播放"命令

选择"控制 > 播放"命令或按 Enter 键，可以对当前舞台中的动画进行浏览。在"时间轴"面板中可以看见播放头在运动，随着播放头的运动，舞台中显示出播放头所经过的帧上的内容。

◎ 应用"测试影片"命令

选择"控制 > 测试影片 > 测试"命令或按 Ctrl+Enter 组合键，可以进入动画测试窗口，对动画作品的多个场景进行连续的测试。

◎ 应用"测试场景"命令

选择"控制 > 测试场景"命令或按 Ctrl+Alt+Enter 组合键，可以进入动画测试窗口，测试当前舞台窗口中显示的场景或元件中的动画。

4.1.5   【实战演练】制作演唱会广告

使用转换位图为矢量图命令将位图转换为矢量图；使用矩形工具和文本工具添加文字效果；使用"测试影片"命令观看制作完成的广告动画。（最终效果参看光盘中的"Ch04 > 效果 > 制作演唱会广告"，见图 4-18。）

4.2 制作摄像机广告

4.2.1   【案例分析】

图 4-18

本案例是为摄像机公司设计制作的摄像机宣传广告。在广告设计上要通过气氛的营造突出宣传的主题，展示出摄像机时尚的造型和强大的功能。

4.2.2 【设计理念】

在设计制作过程中，在蓝色的背景上添加图案增强背景的视觉效果，粉红色的文字与蓝色的背景色彩对比强烈，起到强调突出的作用。将产品图案放在主要位置，突出产品的宣传，围绕产品的功能介绍，使人一目了然，能引导人们的视线突出前方的宣传视频。（最终效果参看光盘中的"Ch04 > 效果 > 制作摄像机广告"，见图 4-19。）

图 4-19

4.2.3 【操作步骤】

步骤 1 选择"文件 > 新建"命令，在弹出的"新建文档"对话框中选择"ActionScript 3.0"选项，单击"确定"按钮，进入新建文档舞台窗口。按 Ctrl+F3 组合键，弹出文档"属性"面板，单击面板中的"编辑"按钮 编辑...，弹出"文档设置"对话框，将"宽度"选项设为 500，"高度"选项设为 650，单击"确定"按钮，改变舞台窗口的大小。

步骤 2 将"图层 1"重新命名为"底图"。选择"文件 > 导入 > 导入到舞台"命令，在弹出的"导入"对话框中选择"Ch04 > 素材 > 制作摄像机广告 > 01"文件，单击"打开"按钮，文件被导入到舞台窗口中，效果如图 4-20 所示。单击"时间轴"面板下方的"新建图层"按钮，创建新图层并将其命名为"视频"，如图 4-21 所示。

图 4-20

图 4-21

步骤 3 选择"文件 > 导入 > 导入视频"命令，在弹出的"导入视频"对话框中单击"浏览"按钮，在弹出的"打开"对话框中选择"Ch04 > 素材 > 制作摄像机广告 > 02"文件，如图 4-22 所示，单击"打开"按钮回到"导入视频"对话框中，单击"在 SWF 中嵌入 FLV 并在时间轴中播放"单选项，如图 4-23 所示。

图 4-22

图 4-23

步骤 4 单击"下一步"按钮，弹出"嵌入"对话框，对话框中的设置如图 4-24 所示。单击"下一步"按钮，弹出"完成视频导入"对话框，单击"完成"按钮完成视频的导入，"02"视频文件被导入到"库"面板中，如图 4-25 所示。

图 4-24   图 4-25

步骤 5 选择"底图"图层的第 242 帧，按 F5 键在该帧上插入普通帧，如图 4-26 所示。选中舞台窗口中的视频实例，选择"任意变形"工具，在视频的周围出现控制点，将鼠标指针放在视频右上方的控制点上，鼠标指针变为 形状，按住鼠标不放，向中间拖曳控制点，松开鼠标，视频缩小。将视频放置到适当的位置，取消对视频的选取，效果如图 4-27 所示。摄像机广告制作完成，按 Ctrl+Enter 组合键即可查看效果，如图 4-28 所示。

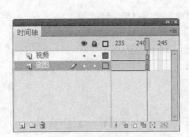

图 4-26   图 4-27   图 4-28

4.2.4 【相关工具】

1. 导入视频素材

◎ 视频素材格式

Flash CS5 版本对导入的视频格式作了严格的限制，只能导入 FLV 和 F4V 格式的视频，而 FLV 视频格式是当前网页视频观看的主流。

◎ F4V

F4V 是 Adobe 公司为了迎接高清时代而推出的继 FLV 格式后的支持 H.264 的 F4V 流媒体格式。它和 FLV 主要的区别在于，FLV 格式采用的是 H263 编码，而 F4V 则支持 H.264 编码的高清晰视频，码率最高可达 50M bit/s。

◎ FLV

FLV（Macromedia Flash Video）文件可以导入导出带编码音频的静态视频流，适用于通信应用程序，如视频会议或包含从 Adobe 的 Macromedia Flash Media Server 中导出的屏幕共享编码数据的文件。

◎ 导入 FLV 视频

要导入 FLV 格式的文件，可以选择"文件 > 导入 > 导入视频"命令，弹出"导入视频"对话框，单击"浏览"按钮，弹出"打开"对话框，在对话框中选择"基础素材 > Ch04 > 02"文件，如图 4-29 所示。单击"打开"按钮，返回到"导入视频"对话框，在对话框中单击"在 SWF 中嵌入 FLV 并在时间轴中播放"单选项，如图 4-30 所示，单击"下一步"按钮。

图 4-29

图 4-30

进入"嵌入"对话框，如图 4-31 所示。单击"下一步"按钮，弹出"完成视频导入"对话框，如图 4-32 所示，单击"完成"按钮完成视频的编辑。

图 4-31

图 4-32

此时，"舞台窗口"、"时间轴"和"库"面板中的效果如图 4-33、图 4-34 和图 4-35 所示。

图 4-33

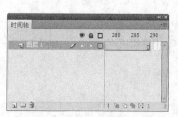

图 4-34

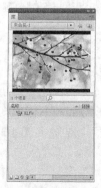

图 4-35

2. 视频的属性

在属性面板中可以更改导入视频的属性。选中视频，选择"窗口 > 属性"命令，弹出视频"属性"面板，如图 4-36 所示。

"实例名称"选项：可以设定嵌入视频的名称。

"交换"按钮：单击此按钮，弹出"交换视频"对话框，可以将视频剪辑与另一个视频剪辑交换。

"X"、"Y"选项：可以设定视频在场景中的位置。

"宽"、"高"选项：可以设定视频的宽度和高度。

图 4-36

3. 在"时间轴"面板中设置帧

在"时间轴"面板中，可以对帧进行一系列的操作。

◎ 插入帧

选择"插入 > 时间轴 > 帧"命令或按 F5 键，可以在时间轴上插入一个普通帧。

选择"插入 > 时间轴 > 关键帧"命令或按 F6 键，可以在时间轴上插入一个关键帧。

选择"插入 > 时间轴 > 空白关键帧"命令，可以在时间轴上插入一个空白关键帧。

◎ 选择帧

选择"编辑 > 时间轴 > 选择所有帧"命令或按 Ctrl+Alt+A 组合键，选中时间轴中的所有帧。单击要选择的帧，帧变为蓝色。

单击要选择的帧，再向前或向后进行拖曳，其间鼠标指针经过的帧全部被选中。

按住 Ctrl 键的同时用鼠标单击要选择的帧，可以选择多个不连续的帧。

按住 Shift 键的同时用鼠标单击要选择的两个帧，则这两个帧中间的所有帧都被选中。

◎ 移动帧

选中一个或多个帧，按住鼠标并拖曳所选的帧到目标位置。在拖曳过程中如果按住 Alt 键，会在目标位置上复制所选的帧。

选中一个或多个帧，选择"编辑 > 时间轴 > 剪切帧"命令或按 Ctrl+Alt+X 组合键，剪切所选的帧。选中目标位置，选择"编辑 > 时间轴 > 粘贴帧"命令或按 Ctrl+Alt+V 组合键，在目标位置上粘贴所选的帧。

◎ 删除帧

用鼠标右键单击要删除的帧，在弹出的快捷菜单中选择"清除帧"命令。选中要删除的普通帧，按 Shift+F5 组合键删除帧。选中要删除的关键帧，按 Shift+F6 组合键删除关键帧。

4.2.5 【实战演练】制作餐饮广告

使用"导入视频"命令导入视频素材；使用"插入帧"命令插入普通帧；延长动画的播放时间；使用"任意变形"命令改变视频的大小。（最终效果参看光盘中的"Ch04 > 效果 > 制作餐饮广告"，见图 4-37。）

图 4-37

4.3　制作健身舞蹈广告

4.3.1　【案例分析】

健身舞蹈是一种集体性健身活动形式，它编排新颖，动作简单，易于普及，已经成为现代人热衷的健身娱乐方式。健身舞蹈广告要表现出健康、时尚、积极、进取的主题。

4.3.2　【设计理念】

在设计制作过程中，以蓝绿色的背景和彩色的圆环表现生活的多彩。以正在舞蹈的人物剪影表现出运动的生机和活力。以跃动的节奏图形和主题文字激发人们参与健身舞蹈的热情。（最终效果参看光盘中的"Ch04 > 效果 > 制作健身舞蹈广告"，见图 4-38。）

图 4-38

4.3.3　【操作步骤】

1. 导入图片并制作人物动画

步骤 1　选择"文件 > 新建"命令，在弹出的"新建文档"对话框中选择"ActionScript 3.0"选项，单击"确定"按钮，进入新建文档舞台窗口。按 Ctrl+F3 组合键，弹出文档"属性"面板，单击面板中的"编辑"按钮 编辑 ，弹出"文档设置"对话框，将舞台窗口的宽设为 350，高设为 500，将背景颜色设为青色（#00CCFF），单击"确定"按钮，改变舞台窗口的大小。

步骤 2　选择"文件 > 导入 > 导入到库"命令，在弹出的"导入到库"对话框中选择"Ch16 > 素材 > 制作健身舞蹈广告 > 01、02、03、04、05、06"文件，单击"打开"按钮，文件被导入到"库"面板中，如图 4-39 所示。

步骤 3　单击"新建元件"按钮，新建影片剪辑元件"人物动"。将"库"面板中的图形元件"元件 4"拖曳到舞台窗口左侧。单击"时间轴"面板下方的"新建图层"按钮，生成新的"图层 2"。将"库"面板中的图形"元件 5"拖曳到舞台窗口右侧，效果如图 4-40 所示。

图 4-39

图 4-40

步骤 4　分别选中"图层 1"、"图层 2"的第 10 帧，按 F6 键在选中的帧上插入关键帧，在舞台窗口中选中对应的人物，按住 Shift 键，分别将其向舞台中心水平拖曳，效果如图 4-41 所示。

步骤 5 分别用鼠标右键单击"图层 1"、"图层 2"的第 1 帧，在弹出的快捷菜单中选择"创建传统补间"命令，生成传统动作补间动画，如图 4-42 所示。

步骤 6 分别选中"图层 1"、"图层 2"的第 40 帧，按 F5 键在选中的帧上插入普通帧。分别选中"图层 1"图层的第 16 帧、第 17 帧，在选中的帧上插入关键帧。

步骤 7 选中"图层 1"图层的第 16 帧，在舞台窗口中选中"元件 4"实例，在图形"属性"面板中选择"色彩效果"选项组，在"样式"选项的下拉列表中选择"色调"，将颜色设为白色，其他选项为默认值，舞台窗口中的效果如图 4-43 所示。

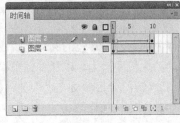

图 4-41　　　　　　　　　图 4-42　　　　　　　　　图 4-43

步骤 8 选中"图层 1"图层的第 16 帧和第 17 帧，用鼠标右键单击被选中的帧，在弹出的快捷菜单中选择"复制帧"命令将其复制。用鼠标右键单击"图层 1"图层的第 21 帧，在弹出的快捷菜单中选择"粘贴帧"命令，将复制过的帧粘贴到第 21 帧中。

步骤 9 分别选中"图层 2"图层的第 15 帧、第 16 帧，在选中的帧上插入关键帧。选中"图层 2"图层的第 15 帧，在舞台窗口中选中"元件 5"实例，用步骤 7 中的方法对其进行同样的操作，效果如图 4-44 所示。选中"图层 2"图层的第 15 帧和第 16 帧，将其复制并粘贴到"图层 2"图层的第 20 帧中，如图 4-45 所示。

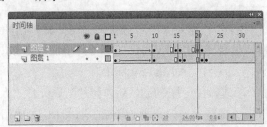

图 4-44　　　　　　　　　　　　图 4-45

2. 制作影片剪辑元件

步骤 1 单击"新建元件"按钮，新建影片剪辑元件"声音条"。选择"矩形"工具，在工具箱中将笔触颜色设为无，填充色设为白色，在舞台窗口中竖直绘制多个矩形。选中所有矩形，选择"窗口 > 对齐"命令，弹出"对齐"面板，单击"底对齐"按钮，将所有矩形底对齐，效果如图 4-46 所示。

步骤 2 选中"图层 1"的第 8 帧，按 F5 键在选中的帧上插入普通帧。分别选中第 3 帧、第 5 帧、第 7 帧，在选中的帧上插入关键帧。选中"图层 1"图层的第 3 帧，选择"任意变形"工具，在舞台窗口中随机改变各矩形的高度，保持底对齐。用上述方法分别对"图层 1"图层的第 5 帧、第 7 帧所对应舞台窗口中的矩形进行操作。

步骤 3 单击"新建元件"按钮，新建影片剪辑元件"文字"。将"库"面板中的图形元件"元

76

件 3"拖曳到舞台窗口中,效果如图 4-47 所示。选中"图层 1"的第 6 帧,按 F5 键插入普通帧。

步骤 4 单击"时间轴"面板下方的"新建图层"按钮, 生成新的图层"图层 2"。选择"文本"工具 T, 在文本"属性"面板中进行设置,在舞台窗口中输入需要的白色文字,效果如图 4-48 所示。

图 4-46

图 4-47

图 4-48

步骤 5 选中文字,按两次 Ctrl+B 组合键将其打散。选择"任意变形"工具, 单击工具箱下方的"扭曲"按钮, 拖动控制点将文字变形并放置到合适的位置,效果如图 4-49 所示。

步骤 6 选中"图层 2"的第 4 帧,按 F6 键在选中的帧上插入关键帧。在工具箱中将填充色设为青绿色(#00FFFF),舞台窗口中的效果如图 4-50 所示。

图 4-49

图 4-50

步骤 7 单击"新建元件"按钮, 新建影片剪辑元件"圆动"。将"库"面板中的图形元件"元件 2"拖曳到舞台窗口中,效果如图 4-51 所示。分别选中"图层 1"图层的第 10 帧、第 20 帧,在选中的帧上按 F6 键,插入关键帧。选中"图层 1"图层的第 10 帧,在舞台窗口中选中"元件 2"实例,选择"任意变形"工具, 按住 Shift 键拖动控制点,将其等比放大,效果如图 4-52 所示。

步骤 8 分别用鼠标右键单击"图层 1"图层的第 1 帧、第 10 帧,在弹出的快捷菜单中选择"创建传统补间"命令,生成传统动作补间动画,如图 4-53 所示。

图 4-51

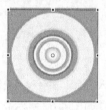
图 4-52

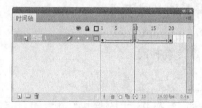
图 4-53

3. 制作动画效果

步骤 1 单击舞台窗口左上方的"场景 1"图标 场景 1, 进入"场景 1"的舞台窗口。将"图层 1"重命名为"底图"。将"库"面板中的位图"01"拖曳到舞台窗口中,效果如图 4-54 所示。

步骤 2 在"时间轴"面板中创建新图层并将其命名为"圆"。将"库"面板中的影片简介元件"圆动"向舞台窗口中拖曳 3 次,选择"任意变形"工具, 按需要分别调整"圆动"实例的大小,并放置到合适的位置,如图 4-55 所示。

步骤 3 在"时间轴"面板中创建新图层并将其命名为"文字"。将"库"面板中的影片剪辑元件"文字"拖曳到舞台窗口中,效果如图 4-56 所示。

步骤 4 在"时间轴"面板中创建新图层并将其命名为"声音条"。将"库"面板中的影片剪辑元件"声音条"拖曳到舞台窗口中，选择"任意变形"工具 [图]，将其调整到合适的大小，并放置到合适的位置，效果如图 4-57 所示。

图 4-54   图 4-55   图 4-56   图 4-57

步骤 5 在"时间轴"面板中创建新图层并将其命名为"人物"。将"库"面板中的影片剪辑元件"人物动"拖曳到舞台窗口中，效果如图 4-58 所示。

步骤 6 在"时间轴"面板中创建新图层并将其命名为"装饰"。将"库"面板中的图形元件"元件 6"拖曳到舞台窗口中，效果如图 4-59 所示。健身舞蹈广告效果制作完成，按 Ctrl+Enter 组合键即可查看效果。

图 4-58   图 4-59

4.3.4 【相关工具】

1. 创建传统补间

新建空白文档，选择"文件 > 导入 > 导入到库"命令，将"03"文件导入到"库"面板中，如图 4-60 所示。将 03 元件拖曳到舞台的右方，如图 4-61 所示。

 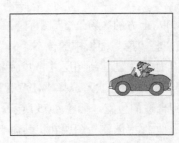

图 4-60   图 4-61

选中第 10 帧，按 F6 键插入关键帧，如图 4-62 所示。将图形拖曳到舞台的左方，如图 4-63 所示。

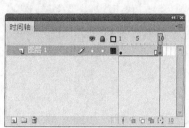

图 4-62

图 4-63

用鼠标右键单击第 1 帧，在弹出的快捷菜单中选择"创建传统补间"命令，创建传统补间动画。

设为"动画"后，"属性"面板中出现多个新的选项，如图 4-64 所示。

"缓动"选项：用于设定动作补间动画从开始到结束时的运动速度，其取值范围为-100～100。当选择正数时，运动速度呈减速度，即开始时速度快，然后逐渐速度减慢；当选择负数时，运动速度呈加速度，即开始时速度慢，然后逐渐速度加快。

"旋转"选项：用于设置对象在运动过程中的旋转样式和次数。

"贴紧"选项：勾选此选项，如果使用运动引导动画，则根据对象的中心点将其吸附到运动路径上。

"调整到路径"选项：勾选此选项，对象在运动引导动画过程中，可以根据引导路径的曲线改变变化的方向。

"同步"选项：勾选此选项，如果对象是一个包含动画效果的图形组件实例，其动画和主时间轴同步。

"缩放"选项：勾选此选项，对象在动画过程中可以改变比例。

在"时间轴"面板中，第 1 帧～第 10 帧出现蓝色的背景和黑色的箭头，表示生成传统补间动画，如图 4-65 所示。完成动作补间动画的制作，按 Enter 键让播放头进行播放，即可观看制作效果。

图 4-64

图 4-65

如果想观察制作的动作补间动画中每 1 帧产生的不同效果，可以单击"时间轴"面板下方的"绘图纸外观"按钮，并将标记点的起始点设为第 1 帧，终止点设为第 10 帧，如图 4-66 所示。舞台中显示出在不同的帧中，图形位置的变化效果，如图 4-67 所示。

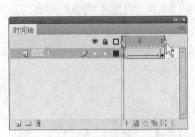

图 4-66

图 4-67

如果在帧"属性"面板中，将"旋转"选项设为"逆时针"，如图 4-68 所示，那么在不同的帧中，图形位置的变化效果如图 4-69 所示。

图 4-68

图 4-69

还可以在对象的运动过程中改变其大小、透明度等，下面将进行介绍。

新建空白文档，选择"文件 > 导入 > 导入到库"命令，将"04"文件导入到"库"面板中，如图 4-70 所示。将图形拖曳到舞台的中心，如图 4-71 所示。

选中第 10 帧，按 F6 键插入关键帧，如图 4-72 所示。选择"任意变形"工具，在舞台中单击图形，出现变形控制点，如图 4-73 所示。

图 4-70

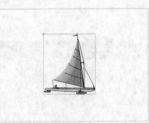

图 4-71

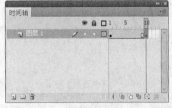

图 4-72

图 4-73

将鼠标指针放在左侧的控制点上，鼠标指针变为双箭头↔形状，按住鼠标左键不放，选中控制点向右拖曳，将图形水平翻转，如图 4-74 所示。松开鼠标左键后的效果如图 4-75 所示。

按 Ctrl+T 组合键，弹出"变形"面板，将"宽度"选项设置为 70，其他选项为默认值，如图 4-76 所示。按 Enter 键确定操作，效果如图 4-77 所示。

图 4-74

图 4-75

图 4-76

图 4-77

选择"选择"工具 ，选中图形，选择"窗口 > 属性"命令，弹出图形"属性"面板，在
"色彩效果"选项组中的"样式"选项的下拉列表中选择"Alpha"，将下方的"Alpha 数量"选项
设为 20，如图 4-78 所示。

舞台中图形的不透明度被改变，如图 4-79 所示。用鼠标右键单击第 1 帧，在弹出的快捷菜单
中选择"创建传统补间"命令，第 1 帧～第 10 帧生成动作补间动画，如图 4-80 所示。按 Enter
键，让播放头进行播放，即可观看制作效果。

图 4-78

图 4-79

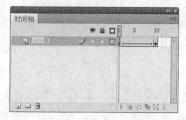
图 4-80

在不同的关键帧中，图形的动作变化效果如图 4-81 所示。

（a）第 1 帧

（b）第 3 帧

（c）第 5 帧

（d）第 7 帧

（e）第 9 帧

（f）第 10 帧

图 4-81

2. 创建补间形状

如果舞台上的对象是组件实例、多个图形的组合、文字、导入的素材对象，必须先分离或取
消组合，将其打散成图形，才能制作形状补间动画。利用这种动画，也可以实现上述对象的大小、
位置、旋转、颜色及透明度等的变化。

选择"文件 > 导入 > 导入到舞台"命令，将"05.ai"文件导入到舞台的第 1 帧中。多次按
Ctrl+B 组合键将其打散，如图 4-82 所示。

选中"图层 1"的第 10 帧，按 F7 键插入空白关键帧，如图 4-83 所示。

图 4-82 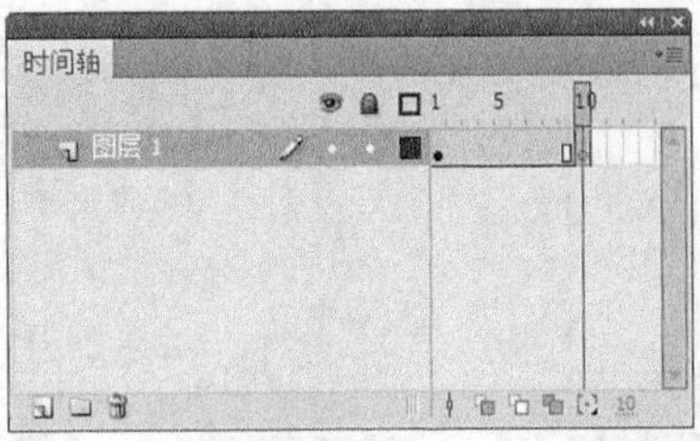　　　　　　　　　　图 4-83

选择"文件 > 导入 > 导入到库"命令，将"06.ai"文件导入到库中。将"库"面板中的图形元件"06"拖曳到第 10 帧的舞台窗口中，多次按 Ctrl+B 组合键将其打散，如图 4-84 所示。

用鼠标右键单击第 1 帧，在弹出的快捷菜单中选择"创建补间形状"命令，如图 4-85 所示。

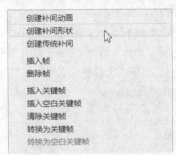

图 4-84　　　　　　　　　　图 4-85

设为"形状"后，面板中出现如下两个新的选项。

"缓动"选项：用于设定变形动画从开始到结束时的变形速度，其取值范围为-100~100。当选择正数时，变形速度呈减速度，即开始时速度快，然后逐渐速度减慢；当选择负数时，变形速度呈加速度，即开始时速度慢，然后逐渐速度加快。

"混合"选项：提供了"分布式"和"角形"两个选项。选择"分布式"选项可以使变形的中间形状趋于平滑。"角形"选项则创建包含角度和直线的中间形状。

设置完成后，在"时间轴"面板中，第 1 帧~第 10 帧出现绿色的背景和黑色的箭头，表示生成形状补间动画，如图4-86 所示。按 Enter 键，让播放头进行播放，即可观看制作效果。

图 4-86

在变形过程中每一帧上的图形都发生不同的变化，如图 4-87 所示。

（a）第 1 帧　　（b）第 3 帧　　（c）第 6 帧　　（d）第 8 帧　　（e）第 10 帧

图 4-87

3. 逐帧动画

新建空白文档，选择"文本"工具 $\boxed{T}$，在第 1 帧的舞台中输入文字"事"字，如图 4-88 所示。在时间轴面板中选中第 2 帧，如图 4-89 所示。按 F6 键插入关键帧，如图 4-90 所示。

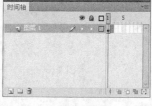

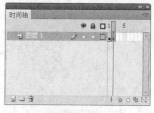

图 4-88   图 4-89   图 4-90

在第 2 帧的舞台中输入"业"字，如图 4-91 所示。用相同的方法在第 3 帧上插入关键帧，在舞台中输入"有"字，如图 4-92 所示。在第 4 帧上插入关键帧，在舞台中输入"成"字，如图 4-93 所示。按 Enter 键，让播放头进行播放，即可观看制作效果。

图 4-91   图 4-92   图 4-93

还可以通过从外部导入图片组来实现逐帧动画的效果。

选择"文件 > 导入 > 导入到舞台"命令，弹出"导入"对话框，在对话框中选中素材文件如图 4-94 所示，单击"打开"按钮，弹出提示对话框，询问是否将图像序列中的所有图像导入，如图 4-95 所示。

图 4-94   图 4-95

单击"是"按钮，将图像序列导入到舞台中，如图 4-96 所示。按 Enter 键，让播放头进行播放，即可观看制作效果。

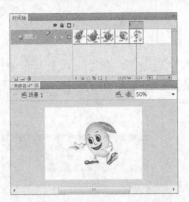

图 4-96

4. 创建图形元件

选择"插入 > 新建元件"命令或按 Ctrl+F8 组合键，弹出"创建新元件"对话框，在"名称"选项的文本框中输入"狮子"，在"类型"选项的下拉列表中选择"图形"选项，如图 4-97 所示。

单击"确定"按钮，创建一个新的图形元件"狮子"。图形元件的名称出现在舞台的左上方，舞台切换到了图形元件"狮子"的窗口，窗口中间出现十字"＋"，代表图形元件的中心定位点，如图 4-98 所示。在"库"面板中显示出图形元件，如图 4-99 所示。

图 4-97

选择"文件 > 导入 > 导入到舞台"命令，弹出"导入"对话框，在弹出的对话框中选择光盘中的"基础素材 > Ch04 > 07"文件，单击"打开"按钮，将素材导入到舞台，如图 4-100 所示，完成图形元件的创建。单击舞台窗口左上方的"场景 1"图标 ⬜场景 1，就可以返回到场景 1 的编辑舞台。

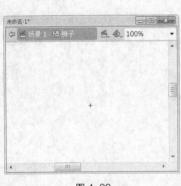
图 4-98

图 4-99

图 4-100

还可以应用"库"面板创建图形元件。单击"库"面板右上方的按钮 ⬛，在弹出式菜单中选择"新建元件"命令，弹出"创建新元件"对话框。选中"图形"选项，单击"确定"按钮，创建图形元件。也可在"库"面板中创建按钮元件或影片剪辑元件。

5. 创建按钮元件

选择"插入 > 新建元件"命令，弹出"创建新元件"对话框，在"名称"选项的文本框中输入"表情",在"类型"选项的下拉列表中选择"按钮"选项,如图4-101所示。

　　单击"确定"按钮,创建一个新的按钮元件"表情"。按钮元件的名称出现在舞台的左上方,舞台切换到了按钮元件"表情"的窗口,窗口中间出现十字" + ",代表按钮元件的中心定位点。在"时间轴"窗口中显示出 4 个状态帧,即"弹起"、"指针经过"、"按下"、"点击",如图 4-102 所示。

　　"弹起"帧:设置鼠标指针不在按钮上时按钮的外观。

　　"指针经过"帧:设置鼠标指针放在按钮上时按钮的外观。

　　"按下"帧:设置按钮被单击时的外观。

　　"点击"帧:设置响应鼠标单击的区域。此区域在影片里不可见。

　　"库"面板中的效果如图4-103所示。

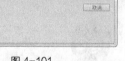

图 4-101　　　　　　　　　　图 4-102　　　　　　　　　　图 4-103

　　选择"文件 > 导入 > 导入到舞台"命令,弹出"导入"对话框,在弹出的对话框中选择光盘中的"基础素材 > Ch04 > 08"文件,单击"打开"按钮,将素材导入到舞台,效果如图4-104所示。在"时间轴"面板中选中"指针经过"帧,按F7键插入空白关键帧,如图4-105所示。

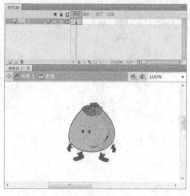

图 4-104　　　　　　　　　　　图 4-105

　　选择"文件 > 导入 > 导入到舞台"命令,弹出"导入"对话框,在弹出的对话框中选择光盘中的"基础素材 > Ch04 > 09"文件,单击"打开"按钮,将素材导入到舞台,效果如图4-106所示。在"时间轴"面板中选中"按下"帧,按F7键插入空白关键帧,如图4-107所示。

　　选择"文件 > 导入 > 导入到舞台"命令,弹出"导入"对话框,在弹出的对话框中选择光盘中的"基础素材 > Ch04 > 10"文件,单击"打开"按钮,将素材导入到舞台,效果如图4-108所示。

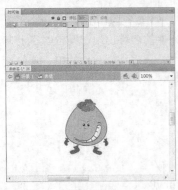

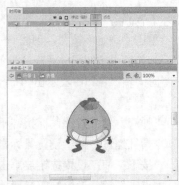

图 4-106　　　　　　　　　　　图 4-107　　　　　　　　　　　图 4-108

在"时间轴"面板中选中"点击"帧，按 F7 键插入空白关键帧，如图 4-109 所示。选择"椭圆"工具 ◯，在工具箱中将"笔触颜色"设为无，"填充颜色"设为黑色，按住 Shift 键的同时在中心点上绘制出一个椭圆形，作为按钮动画应用时鼠标响应的区域，如图 4-110 所示。

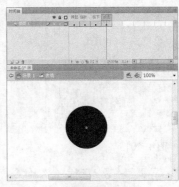

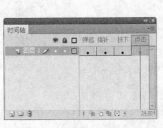

图 4-109　　　　　　　　　　　　　图 4-110

按钮元件制作完成，在各关键帧上，舞台中显示的图形如图 4-111 所示。单击舞台窗口左上方的"场景 1"图标 场景1，就可以返回到场景 1 的编辑舞台。

（a）弹起关键帧　　　　　（b）指针经过关键帧　　　　（c）按下关键帧　　　　（d）点击关键帧

图 4-111

6. 创建影片剪辑元件

选择"插入 > 新建元件"命令，弹出"创建新元件"对话框，在"名称"选项的文本框中输入"字母变形"，在"类型"选项的下拉列表中选择"影片剪辑"选项，如图 4-112 所示。

单击"确定"按钮，创建一个新的影片剪辑元件"字母变形"。影片剪辑元件的名称出现在舞台的左上方，舞台切换到了影片剪辑元件"字母变形"的窗口，窗口中间出现十字"＋"，代表影片剪辑元件的中心定位点，如图 4-113 所示。在"库"面板中显示出影片剪辑元件，如图 4-114 所示。

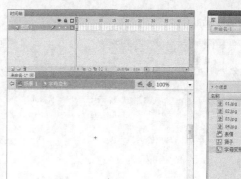

图 4-112　　　　　　　　　图 4-113　　　　　　　　　图 4-114

选择"文本"工具 T，在文本工具"属性"面板中进行设置，在舞台窗口中适当的位置输入大小为 200，字体为"方正水黑简体"的绿色（#009900）字母，文字效果如图 4-115 所示。选择"选择"工具 ▶，选中字母，按 Ctrl+B 组合键将其打散，效果如图 4-116 所示。在"时间轴"面板中选中第 20 帧，按 F7 键在该帧上插入空白关键帧，如图 4-117 所示。

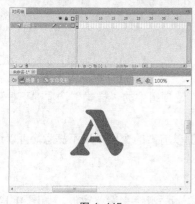

图 4-115　　　　　　　　　图 4-116　　　　　　　　　图 4-117

选择"文本"工具 T，在文本工具"属性"面板中进行设置，在舞台窗口中适当的位置输入大小为 200、字体为"方正水黑简体"的橙黄色（#FF9900）字母，文字效果如图 4-118 所示。选择"选择"工具 ▶，选中字母，按 Ctrl+B 组合键将其打散，效果如图 4-119 所示。

图 4-118　　　　　　　　　　　　　　图 4-119

用鼠标右键单击第 1 帧，在弹出的快捷菜单中选择"创建补间形状"命令，如图 4-120 所示，生成形状补间动画，如图 4-121 所示。

图 4-120　　　　　　　　　　　　　　　　图 4-121

影片剪辑元件制作完成，在不同的关键帧上，舞台中显示出不同的变形图形，如图 4-122 所示。单击舞台左上方的场景名称"场景 1"就可以返回到场景的编辑舞台。

（a）第 1 帧　　　（b）第 5 帧　　　（c）第 10 帧　　　（d）第 15 帧　　　（e）第 20 帧

图 4-122

7. 改变实例的颜色和透明度

在舞台中选中实例，选择"属性"面板，在"色彩效果"选项组中的"样式"选项的下拉列表，如图 4-123 所示。

"无"选项：表示对当前实例不进行任何更改。如果对实例以前做的变化效果不满意，可以选择此选项，取消实例的变化效果，再重新设置新的效果。

"亮度"选项：用于调整实例的明暗对比度。

可以在"亮度数量"选项中直接输入数值，也可以拖动右侧的滑块来设置数值，如图 4-124 所示。其默认的数值为 0，取值范围为-100～100。当取值大于 0 时，实例变亮。当取值小于 0 时，实例变暗。

图 4-123　　　　　　　　　　　　图 4-124

输入不同数值，实例的不同的亮度效果如图 4-125 所示。

（a）数值为 80 时　　（b）数值为 45 时　　（c）数值为 0 时　　（d）数值为 –45 时　　（e）数值为 –80 时

图 4-125

"色调"选项：用于为实例增加颜色，如图 4-126 所示。可以单击"样式"选项右侧的色块，在弹出的色板中选择要应用的颜色，如图 4-127 所示。应用颜色后实例效果如图 4-128 所示。在色调按钮右侧的"色彩数量"选项中设置数值，如图 4-129 所示。

 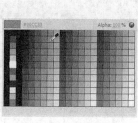  

图 4-126　　　　　　图 4-127　　　　　　图 4-128　　　　　　图 4-129

数值范围为 0~100。当数值为 0 时，实例颜色将不受影响。当数值为 100 时，实例的颜色将完全被所选颜色取代。也可以在"RGB"选项的数值框中输入数值来设置颜色。

"高级"选项：用于设置实例的颜色和透明效果，可以分别调节"红"、"绿"、"蓝"和"Alpha"的值。

在舞台中选中实例，如图 4-130 所示，在"样式"选项的下拉列表中选择"高级"选项，如图 4-131 所示，各个选项的设置如图 4-132 所示，效果如图 4-133 所示。

图 4-130 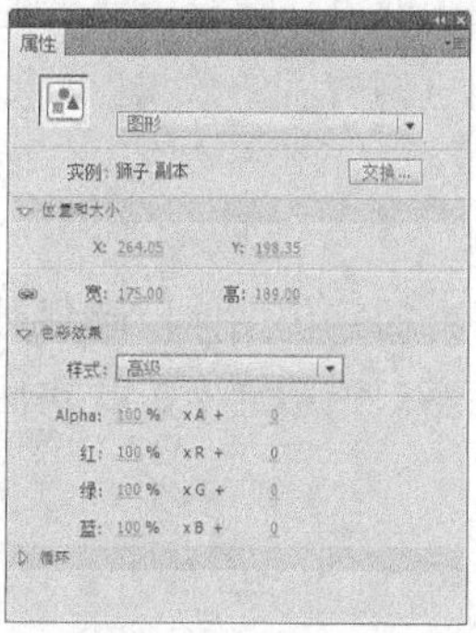　　　　　　图 4-131　　　　　　图 4-132　　　　　　图 4-133

"Alpha"选项：用于设置实例的透明效果，如图 4-134 所示。数值范围为 0~100。数值为 0 时实例不透明，数值为 100 时实例消失。

输入不同数值，实例的不透明度效果如图 4-135 所示。

图 4-134

（a）数值为30时　（b）数值为60时　（c）数值为80时　（d）数值为100时

图 4-135

4.3.5 【实战演练】制作时尚戒指广告

使用钢笔工具绘制飘带图形并制作动画效果；使用铅笔工具和颜色面板制作戒指的高光图形；使用文本工具添加广告语。（最终效果参看光盘中的"Ch04 > 效果 > 制作时尚戒指广告"，见图 4-136。）

图 4-136

4.4 综合演练——制作促销广告

4.4.1 【案例分析】

促销广告是指直接向消费者推销产品或服务的广告性形式。促销广告可运用各种途径和方式，将产品的质量、性能、特点、给消费者的方便性等进行诉求，唤起消费者的消费欲望，从而达到广告目的。所以要求广告设计突出宣传主题，达到吸引消费者的效果。

4.4.2 【设计理念】

在设计制作过程中，使用浅色的渐变背景突出前方的宣传主体，起到衬托的效果；咖啡色的标识和宣传文字提升画面的档次，展现出时尚和现代感；色彩鲜艳、款式性感的产品图片在突出宣传主体的同时，使画面具有空间感，宣传性强。

4.4.3 【知识要点】

使用文本工具添加宣传文字；使用垂直翻转命令和创建传统补间命令制作文字倒影效果；使用按宽度平均分布命令将文字平均分布。（最终效果参看光盘中的"Ch04 > 效果 > 制作促销广告"，见图 4-137。）

图 4-137

4.5 综合演练——制作邀请赛广告

4.5.1 【案例分析】

滑板项目可谓是极限运动历史的鼻祖，许多的极限运动项目均由滑板项目延伸而来。由冲浪运动演变而成的滑板运动，在而今已成为地球上最"酷"的运动之一。所以滑板邀请赛广告要体现年轻、运动、激情等特色。

4.5.2 【设计理念】

在设计制作过程中，使用背景动画使视觉效果更加震撼和强烈，不断变换的色彩使背景炫酷，时尚新潮的年轻人使画面活力非常，粉色的文字激起人的挑战欲望，整个广告画面搭配合理，符合广告的需求和定位。

4.5.3 【知识要点】

使用遮罩层命令制作遮罩动画效果；使用矩形工具和颜色面板制作渐变矩形；使用动作面板设置脚本语言；要处理好遮罩图形，并准确设置脚本语言。（最终效果参看光盘中的"Ch04 > 效果 > 制作邀请赛广告"，见图 4-138。）

图 4-138

第5章 电子相册

网络电子相册可以用于描述美丽的风景、展现亲密的友情、记录精彩的瞬间。本章以多个主题的电子相册为例，介绍网络电子相册的构思方法和制作技巧。读者通过本章的学习，可以掌握制作要点，从而设计制作出精美的网络电子相册。

课堂学习目标

- 掌握电子相册的设计思路
- 掌握电子相册的制作方法
- 掌握电子相册的应用技巧

5.1 制作温馨生活照片

5.1.1 【案例分析】

在我们的生活中，总会有许多的温馨时刻被相机记录下来。我们可以将这些温馨的生活照片制作成电子相册，通过新的艺术和技术手段给这些照片以新的意境。

5.1.2 【设计理念】

在设计制作过程中，先设计出符合照片特色的背景图，再设置好照片之间互相切换的顺序，增加电子相册的趣味性。在舞台窗口中更换不同的生活照片，完美表现出生活的精彩瞬间。（最终效果参看光盘中的"Ch05 > 效果 > 制作温馨生活照片"，见图5-1。）

图 5-1

5.1.3 【操作步骤】

1. 导入图片并制作小照片按钮

步骤 1 选择"文件 > 新建"命令，在弹出的"新建文档"对话框中选择"ActionScript 2.0"选项，单击"确定"按钮，进入新建文档舞台窗口。按 Ctrl+F3 组合键，弹出文档"属性"面板，单击面板中的"编辑"按钮 编辑… ，弹出"文档设置"对话框，将"宽度"选项设为500，"高度"选项设为500，如图5-2所示，单击"确定"按钮，改变舞台窗口的大小。

步骤 2 在"属性"面板中,单击"配置文件"选项右侧的按钮,弹出"发布设置"对话框,选择"播放器"选项下拉列表中的"Flash Player 10",如图 5-3 所示,单击"确定"按钮。

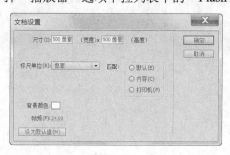

图 5-2   图 5-3

步骤 3 将"图层 1"重新命名为"背景",如图 5-4 所示。选择"文件 > 导入 > 导入到舞台"命令,在弹出的"导入"对话框中选择"Ch05 > 素材 > 制作温馨生活照片 > 01"文件,单击"打开"按钮,文件被导入到舞台窗口中,效果如图 5-5 所示。选中"背景"图层的第 78 帧,按 F5 键插入普通帧。

步骤 4 调出"库"面板,在"库"面板下方单击"新建元件"按钮![按钮],弹出"创建新元件"对话框,在"名称"选项的文本框中输入"小照片 1",在"类型"选项的下拉列表中选择"按钮"选项,单击"确定"按钮,新建按钮元件"小照片 1",如图 5-6 所示,舞台窗口也随之转换为按钮元件的舞台窗口。

图 5-4   图 5-5   图 5-6

步骤 5 选择"文件 > 导入 > 导入到舞台"命令,在弹出的"导入"对话框中选择"Ch05 > 素材 > 制作温馨生活照片 > 07"文件,单击"打开"按钮,弹出"Adobe Flash CS5"提示对话框,询问是否导入序列中的所有图像,如图 5-7 所示,单击"否"按钮,文件被导入到舞台窗口中,效果如图 5-8 所示。

图 5-7   图 5-8

步骤 6 新建按钮元件"小照片 2",如图 5-9 所示,舞台窗口也随之转换为按钮元件"小照片 2"

的舞台窗口。用步骤 5 中的方法将"Ch05 > 素材 > 制作温馨生活照片 > 08"文件导入到舞台窗口中，效果如图 5-10 所示。新建按钮元件"小照片 3"，舞台窗口也随之转换为按钮元件"小照片 3"的舞台窗口。

步骤 7 将"Ch05 > 素材 > 制作温馨生活照片 > 09"文件导入到舞台窗口中，效果如图 5-11 所示。

图 5-9   图 5-10   图 5-11

步骤 8 新建按钮元件"小照片 4"，舞台窗口也随之转换为按钮元件"小照片 4"的舞台窗口。将"Ch05 > 素材 > 制作温馨生活照片 > 10"文件导入到舞台窗口中，效果如图 5-12 所示。新建按钮元件"小照片 5"，舞台窗口也随之转换为按钮元件"小照片 5"的舞台窗口。将"Ch05 > 素材 > 制作温馨生活照片 > 11"文件导入到舞台窗口中，效果如图 5-13 所示。

图 5-12   图 5-13

步骤 9 单击"库"面板下方的"新建文件夹"按钮，创建一个文件夹并将其命名为"照片"，如图 5-14 所示。在"库"面板中选中任意一幅位图图片，按住 Ctrl 键选中所有的位图图片，如图 5-15 所示。将选中的图片拖曳到"照片"文件夹中，如图 5-16 所示。

图 5-14   图 5-15   图 5-16

2. 在场景中确定小照片的位置

步骤 1 单击舞台窗口左上方的"场景 1"图标 场景 1，进入"场景 1"的舞台窗口。单击"时间轴"面板下方的"新建图层"按钮 ，创建新图层并将其命名为"小照片"。将"库"面板中的按钮元件"小照片 1"拖曳到舞台窗口中，在按钮"属性"面板中，将"X"选项设为 18，"Y"选项设为 340，将实例放置在背景图的左下方，效果如图 5-17 所示。

步骤 2 将"库"面板中的按钮元件"小照片 2"拖曳到舞台窗口中，在按钮"属性"面板中，将"X"选项设为 104，"Y"选项设为 370，将实例放置在背景图的左下方，效果如图 5-18 所示。

步骤 3 将"库"面板中的按钮元件"小照片 3"拖曳到舞台窗口中，在按钮"属性"面板中，将"X"选项设为 195，"Y"选项设为 342，将实例放置在背景图的中下方，效果如图 5-19 所示。

图 5-17　　　　　　　　　图 5-18　　　　　　　　　图 5-19

步骤 4 将"库"面板中的按钮元件"小照片 4"拖曳到舞台窗口中，在按钮"属性"面板中，将"X"选项设为 288，"Y"选项设为 365，将实例放置在背景图的右下方，效果如图 5-20 所示。

步骤 5 将"库"面板中的按钮元件"小照片 5"拖曳到舞台窗口中，在按钮"属性"面板中，将"X"选项设为 356，"Y"选项设为 330，将实例放置在背景图的右下方，效果如图 5-21 所示。

图 5-20　　　　　　　　　　　图 5-21

步骤 6 分别选中"小照片"图层的第 2 帧、第 16 帧、第 31 帧、第 47 帧、第 63 帧，按 F6 键插入关键帧。

步骤 7 选中"小照片"图层的第 2 帧，在舞台窗口中选中实例"小照片 1"，按 Delete 键将其删除，效果如图 5-22 所示。选中"小照片"图层的第 16 帧，在舞台窗口中选中实例"小照片 2"，按 Delete 键将其删除，效果如图 5-23 所示。选中"小照片"图层的第 31 帧，在舞台窗口中选中实例"小照片 3"，按 Delete 键将其删除，效果如图 5-24 所示。

图 5-22   图 5-23   图 5-24

步骤 8 选中"小照片"图层的第 47 帧，在舞台窗口中选中实例"小照片 4"，按 Delete 键将其删除，效果如图 5-25 所示。选中"小照片"图层的第 63 帧，在舞台窗口中选中实例"小照片 5"，按 Delete 键将其删除，效果如图 5-26 所示。

图 5-25   图 5-26

3. 输入文字并制作大照片按钮

步骤 1 单击"时间轴"面板下方的"新建图层"按钮，创建新图层并将其命名为"文字 1"，如图 5-27 所示。选择"文本"工具，在文本工具"属性"面板中进行设置，在舞台窗口中适当的位置输入大小为 20、字体为"方正兰亭特黑扁简体"的黄色（#FBFE00）文字，文字效果如图 5-28 所示。

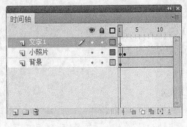

图 5-27   图 5-28

步骤 2 在文本工具"属性"面板中进行设置，在舞台窗口中适当的位置输入大小为 12、字体为"方正兰亭特黑扁简体"的白色文字，文字效果如图 5-29 所示。再次在舞台窗口中输入大小为 20、字体为"DextorD"的白色英文，文字效果如图 5-30 所示。

步骤 3　将"Ch05 > 素材 > 制作温馨生活照片 > 12"文件导入到舞台窗口中，并放置在适当的位置，效果如图 5-31 所示。

图 5-29

图 5-30

图 5-31

步骤 4　在"库"面板下方单击"新建元件"按钮，弹出"创建新元件"对话框，在"名称"选项的文本框中输入"大照片 1"，在"类型"选项的下拉列表中选择"按钮"选项，单击"确定"按钮，新建按钮元件"大照片 1"，如图 5-32 所示，舞台窗口也随之转换为按钮元件的舞台窗口。

步骤 5　选择"文件 > 导入 > 导入到舞台"命令，在弹出的"导入"对话框中选择"Ch05 > 素材 > 制作温馨生活照片 > 02"文件，单击"打开"按钮，弹出"Adobe Flash CS5"提示对话框，询问是否导入序列中的所有图像，如图 5-33 所示。单击"否"按钮，文件被导入到舞台窗口中，效果如图 5-34 所示。

图 5-32

图 5-33

图 5-34

步骤 6　新建按钮元件"大照片 2"，舞台窗口也随之转换为按钮元件"大照片 2"的舞台窗口。用相同的方法将"Ch05 > 素材 > 制作温馨生活照片 > 03"文件导入到舞台窗口中，效果如图 5-35 所示。新建按钮元件"大照片 3"，舞台窗口也随之转换为按钮元件"大照片 3"的舞台窗口。将"Ch05 > 素材 > 制作温馨生活照片 > 04"文件导入到舞台窗口中，效果如图 5-36 所示。

图 5-35

图 5-36

步骤 7　新建按钮元件"大照片 4"，舞台窗口也随之转换为按钮元件"大照片 4"的舞台窗口。将"Ch05 > 素材 > 制作温馨生活照片 > 05"文件导入到舞台窗口中，效果如图 5-37 所示。

新建按钮元件"大照片 5",舞台窗口也随之转换为按钮元件"大照片 5"的舞台窗口。将"Ch05 > 素材 > 制作温馨生活照片 > 06"文件导入到舞台窗口中,效果如图 5-38 所示。按住 Ctrl 键,在"库"面板中选中所有"照片"文件夹以外的位图图片并将其拖曳到"照片"文件夹中,如图 5-39 所示。

图 5-37   图 5-38   图 5-39

4. 在场景中确定大照片的位置

步骤 1 单击舞台窗口左上方的"场景 1"图标 ，进入"场景 1"的舞台窗口。在"时间轴"面板中创建新图层并将其命名为"大照片 1"。分别选中"大照片 1"图层的第 2 帧、第 16 帧,按 F6 键插入关键帧,如图 5-40 所示。选中第 2 帧,将"库"面板中的按钮元件"大照片 1"拖曳到舞台窗口中。选中实例"大照片 1",在"变形"面板中将"缩放宽度"和"缩放高度"的比例分别设为 26,"旋转"选项设为-10°,如图 5-41 所示。

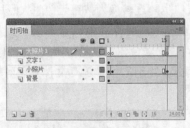

图 5-40   图 5-41

步骤 2 将实例缩小并旋转,在按钮"属性"面板中,将"X"选项设为 18,"Y"选项设为 360,将实例放置在背景图的左下方,效果如图 5-42 所示。分别选中"大照片 1"图层的第 8 帧、第 15 帧,按 F6 键插入关键帧。

步骤 3 选中第 8 帧,选中舞台窗口中的"大照片 1"实例,在"变形"面板中将"缩放宽度"和"缩放高度"选项分别设为 100,将"旋转"选项设为 0°,将实例放置在舞台窗口的上方,效果如图 5-43 所示。选中第 9 帧,按 F6 键插入关键帧。分别用鼠标右键单击第 2 帧、第 9 帧,在弹出的快捷菜单中选择"创建传统补间"命令,生成传统补间动画,如图 5-44 所示。

图 5-42　　　　　　　　　图 5-43　　　　　　　　　　图 5-44

步骤 4 选中"大照片 1"图层的第 8 帧，选择"窗口 > 动作"命令，弹出"动作"面板（其
快捷键为 F9）。在面板中单击"将新项目添加到脚本中"按钮，在弹出的菜单中选择"全
局函数 > 时间轴控制 > stop"命令，如图 5-45 所示。在"脚本窗口"中显示出选择的脚本
语言，图 5-46 所示。设置好动作脚本后，在"大照片 1"图层的第 8 帧上显示出标记"a"。

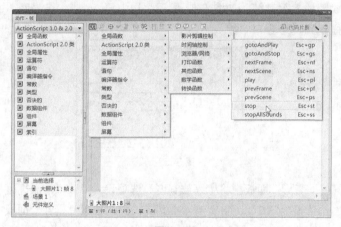

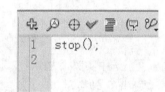

图 5-45　　　　　　　　　　　　　　　　　　　　　　　　图 5-46

步骤 5 选中舞台窗口中的"大照片 1"实例元件，在"动作"面板中单击"将新项目添加到脚
本中"按钮，在弹出的菜单中选择"全局函数 > 影片剪辑控制 > on"命令，如图 5-47
所示。在"脚本窗口"中显示出选择的脚本语言，在下拉列表中选择"press"命令，如图
5-48 所示。

图 5-47　　　　　　　　　　　　　　　　　　　　　　　　图 5-48

步骤 6 脚本语言如图 5-49 所示。将光标放置在第 1 行脚本语言的最后，按 Enter 键，光标显示到第 2 行，如图 5-50 所示。

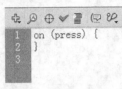

图 5-49

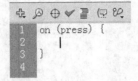

图 5-50

步骤 7 单击"将新项目添加到脚本中"按钮 ⬚，在弹出的菜单中选择"全局函数 > 时间轴控制 > gotoAndPlay"命令，在"脚本窗口"中显示出选择的脚本语言，在第 2 行脚本语言"gotoAndPlay ( )"后面的括号中输入数字 9，如图 5-51 所示。（脚本语言表示：当用鼠标单击"大照片 1"实例时，跳转到第 9 帧并开始播放第 9 帧中的动画。）

步骤 8 在"时间轴"面板中创建新图层并将其命名为"大照片 2"。分别选中"大照片 2"图层的第 16 帧、第 31 帧，按 F6 键插入关键帧，如图 5-52 所示。选中第 16 帧，将"库"面板中的按钮元件"大照片 2"拖曳到舞台窗口中。

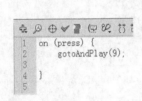

图 5-51

图 5-52

步骤 9 选中实例"大照片 2"，在"变形"面板中将"缩放宽度"选项设为 26，"缩放高度"选项也随之转换为 26，"旋转"选项设为 3.2°，将实例缩小并旋转。在按钮"属性"面板中，将"X"选项设为 108，"Y"选项设为 370。将实例放置在背景图的左下方，效果如图 5-53 所示。分别选中"大照片 2"图层的第 22 帧、第 30 帧，按 F6 键插入关键帧，如图 5-54 所示。

图 5-53

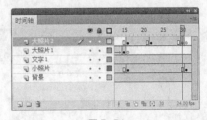

图 5-54

步骤 10 选中第 22 帧，选中舞台窗口中的"大照片 2"实例，在"变形"面板中将"缩放宽度"和"缩放高度"选项分别设为 100，"旋转"选项设为 0°，实例扩大，将实例放置在舞台窗口的上方，效果如图 5-55 所示。选中第 23 帧，按 F6 键插入关键帧。分别用鼠标右键单击第 16 帧、第 22 帧，在弹出的快捷菜单中选择"创建传统补间"命令，生成传统补间动画。

步骤 11 选中"大照片 2"图层的第 22 帧，按照步骤 4 的方法，在第 22 帧上添加动作脚本，该帧上显示出标记"a"，如图 5-56 所示。选中舞台窗口中的"大照片 2"实例，按照步骤 5~

步骤 7 中的方法，在"大照片 2"实例上添加动作脚本，并在脚本语言"gotoAndPlay ( )"后面的括号中输入数字 23，如图 5-57 所示。

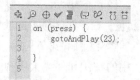

图 5-55　　　　　　　　　　图 5-56　　　　　　　　　　图 5-57

步骤 12　单击"时间轴"面板下方的"新建图层"按钮，创建新图层并将其命名为"大照片 3"。分别选中"大照片 3"图层的第 31 帧、第 47 帧，按 F6 键插入关键帧，如图 5-58 所示。选中第 31 帧，将"库"面板中的按钮元件"大照片 3"拖曳到舞台窗口中。

步骤 13　选中实例"大照片 3"，在"变形"面板中将"缩放宽度"选项设为 26，"缩放高度"选项也随之转换为 26，"旋转"选项设为-9.5°，如图 5-59 所示，将实例缩小并旋转。在按钮"属性"面板中，将"X"选项设为 194，"Y"选项设为 363，将实例放置在背景图的中下方，效果如图 5-60 所示。分别选中"大照片 3"图层的第 38 帧、第 46 帧，按 F6 键插入关键帧。

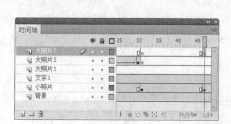

图 5-58　　　　　　　　　　图 5-59　　　　　　　　　　图 5-60

步骤 14　选中第 38 帧，选中舞台窗口中的"大照片 3"实例，在"变形"面板中将"缩放宽度"和"缩放高度"选项分别设为 100，"旋转"选项设为 0°，如图 5-61 所示，实例扩大，将实例放置在舞台窗口的上方，效果如图 5-62 所示。

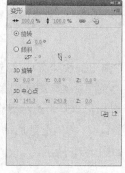

图 5-61　　　　　　　　　　图 5-62

步骤 **15** 选中第 39 帧，按 F6 键插入关键帧。用鼠标右键分别单击第 31 帧、第 39 帧，在弹出的快捷菜单中选择"创建传统补间"命令，生成传统补间动画，如图 5-63 所示。选中"大照片 3"图层的第 38 帧，按照步骤 4 的方法，在第 38 帧上添加动作脚本，该帧上显示出标记"a"。选中舞台窗口中的"大照片 3"实例，按照步骤 5～步骤 7 中的方法，在"大照片 3"实例上添加动作脚本，并在脚本语言"gotoAndPlay( )"后面的括号中输入数字 39，如图 5-64 所示。

步骤 **16** 在"时间轴"面板中创建新图层并将其命名为"大照片 4"。分别选中"大照片 4"图层的第 47 帧、第 63 帧，按 F6 键插入关键帧，如图 5-65 所示。选中第 47 帧，将"库"面板中的按钮元件"大照片 4"拖曳到舞台窗口中。

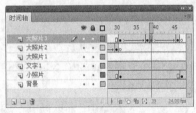

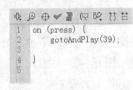

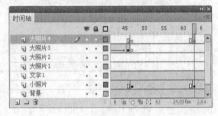

图 5-63   图 5-64   图 5-65

步骤 **17** 选中实例"大照片 4"，在"变形"面板中将"缩放宽度"选项设为 26，"缩放高度"选项也随之转换为 26，将"旋转"选项设为 6°，如图 5-66 所示。将实例缩小并旋转，在按钮"属性"面板中，将"X"选项设为 296，"Y"选项设为 365，将实例放置在背景图的右下方，如图 5-67 所示。分别选中"大照片 4"图层的第 54 帧、第 62 帧，按 F6 键插入关键帧。

步骤 **18** 选中第 54 帧，选中舞台窗口中的"大照片 4"实例，在"变形"面板中将"缩放宽度"和"缩放高度"选项分别设为 100，"旋转"选项设为 0°，实例扩大，将实例放置在舞台窗口的上方，效果如图 5-68 所示。选中第 55 帧，按 F6 键插入关键帧。

图 5-66   图 5-67   图 5-68

步骤 **19** 用鼠标右键分别单击第 47 帧和第 55 帧，在弹出的快捷菜单中选择"创建传统补间"命令，生成传统补间动画，如图 5-69 所示。选中"大照片 4"图层的第 54 帧，按照步骤 4 的方法，在第 54 帧上添加动作脚本，该帧上显示出标记"a"。选中舞台窗口中的"大照片 4"实例，按照步骤 5~步骤 7 中的方法，在"大照片 4"实例上添加动作脚本，并在脚本语言"gotoAndPlay( )"后面的括号中输入数字 55，如图 5-70 所示。

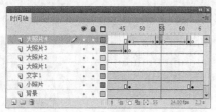

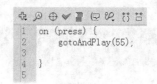

图 5-69　　　　　　　　　　　　图 5-70

步骤 20 在"时间轴"面板中创建新图层并将其命名为"大照片 5",如图 5-71 所示。选中"大照片 5"图层的第 63 帧,按 F6 键插入关键帧,如图 5-72 所示。将"库"面板中的按钮元件"大照片 5"拖曳到舞台窗口中。

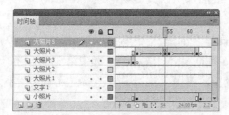

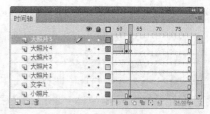

图 5-71　　　　　　　　　　　　图 5-72

步骤 21 选中实例"大照片 5",在"变形"面板中将"缩放宽度"选项设为 26,"缩放高度"选项也随之转换为 26,"旋转"选项设为-5.5°,如图 5-73 所示。将实例缩小并旋转,在按钮"属性"面板中,将"X"选项设为 356,"Y"选项设为 342,将实例放置在背景图的右下方,效果如图 5-74 所示。分别选中"大照片 5"图层的第 70 帧、第 78 帧,按 F6 键插入关键帧。

步骤 22 选中第 70 帧,选中舞台窗口中的"大照片 5"实例,在"变形"面板中将"缩放宽度"和"缩放高度"选项分别设为 100,"旋转"选项设为 0°,实例扩大,将实例放置在舞台窗口的上方,效果如图 5-75 所示。选中第 71 帧,按 F6 键插入关键帧。

图 5-73　　　　　　　　　　图 5-74　　　　　　　　　　图 5-75

步骤 23 用鼠标右键分别单击第 63 帧、第 70 帧,在弹出的菜单中选择"创建传统补间"命令,生成传统补间动画,如图 5-76 所示。选中"大照片 5"图层的第 70 帧,按照步骤 4 的方法,在第 70 帧上添加动作脚本,该帧上显示出标记"a"。选中舞台窗口中的"大照片 5"实例,按照步骤 5～步骤 7 中的方法,在"大照片 5"实例上添加动作脚本,并在脚本语言"gotoAndPlay()"后面的括号中输入数字 71,如图 5-77 所示。

步骤 24 在"时间轴"面板中创建新图层并将其命名为"文字 2"。选中"文字 2"图层的第 8 帧,按 F6 键插入关键帧。选择"文本"工具 T,在文本工具"属性"面板中进行设置,在舞台窗口中适当的位置输入大小为18、字体为"方正兰亭特黑扁简体"的白色文字，文字效果如图 5-78 所示。

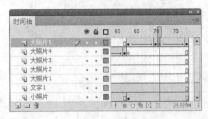

图 5-76   图 5-77   图 5-78

步骤 25 选中"文字 2"图层的第 9 帧，按 F7 键插入空白关键帧，选中第 22 帧，按 F6 键插入关键帧，如图 5-79 所示。在文本工具"属性"面板中进行设置，在舞台窗口中适当的位置输入大小为 18、字体为"方正兰亭特黑扁简体"的白色文字，文字效果如图 5-80 所示。

步骤 26 选中"文字 2"图层的第 23 帧，按 F7 键插入空白关键帧，选中第 38 帧，按 F6 键插入关键帧。在文本工具"属性"面板中进行设置，在舞台窗口中适当的位置输入大小为 18、字体为"方正兰亭特黑扁简体"的白色文字，文字效果如图 5-81 所示。

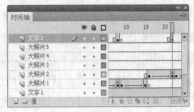

图 5-79   图 5-80   图 5-81

步骤 27 选中"文字 2"图层的第 39 帧，按 F7 键插入空白关键帧，选中第 54 帧，按 F6 键插入关键帧。在文本工具"属性"面板中进行设置，在舞台窗口中适当的位置输入大小为 18、字体为"方正兰亭特黑扁简体"的白色文字，文字效果如图 5-82 所示。

步骤 28 选中"文字 2"图层的第 55 帧，按 F7 键插入空白关键帧，选中第 70 帧，按 F6 键插入关键帧。在文本工具"属性"面板中进行设置，在舞台窗口中适当的位置输入大小为 18、字体为"方正兰亭特黑扁简体"的白色文字，文字效果如图 5-83 所示。选中"文字 2"图层的第 71 帧，按 F7 键插入空白关键帧，如图 5-84 所示。

图 5-82   图 5-83   图 5-84

步骤 29 在"时间轴"面板中创建新图层并将其命名为"动作脚本 1"。选中"动作脚本 1"图层的第 2 帧，按 F6 键插入关键帧，如图 5-85 所示。选中第 1 帧，在"动作"面板中单击"将新项目添加到脚本中"按钮 ⬚，在弹出的菜单中选择"全局函数 > 时间轴控制 > stop"命令，在"脚本窗口"中显示出选择的脚本语言，如图 5-86 所示。设置好动作脚本后，在图层"动作脚本 1"的第 1 帧上显示出一个标记"a"。

图 5-85　　　　　　　　　　　　　图 5-86

5. 添加动作脚本

步骤 1 在"时间轴"面板中创建新图层并将其命名为"动作脚本 2"。选中"动作脚本 2"图层的第 15 帧，按 F6 键插入关键帧，在"动作"面板中单击"将新项目添加到脚本中"按钮，在弹出的菜单中选择"全局函数 > 时间轴控制 > gotoAndStop"命令，如图 5-87 所示。在"脚本窗口"中显示出选择的脚本语言，在脚本语言"gotoAndStop ( )"后面的括号中输入数字 1，如图 5-88 所示。（脚本语言表示：动画跳转到第 1 帧并停留在第 1 帧。）

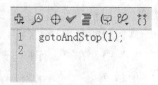

图 5-87　　　　　　　　　　　　　图 5-88

步骤 2 用鼠标右键单击"动作脚本 2"图层的第 15 帧，在弹出的快捷菜单中选择"复制帧"命令。分别用鼠标右键单击"动作脚本 2"图层的第 30 帧、第 46 帧、第 62 帧、第 78 帧，在弹出的快捷菜单中选择"粘贴帧"命令，效果如图 5-89 所示。

步骤 3 选中"小照片"图层的第 1 帧，在舞台窗口中选中实例"小照片 1"，在"动作"面板中单击"将新项目添加到脚本中"按钮，在弹出的菜单中选择"全局函数 > 影片剪辑控制 > on"命令，在"脚本窗口"中显示出选择的脚本语言，在下拉列表中选择"press"命令，如图 5-90 所示。将光标放置在第 1 行脚本语言的最后，按 Enter 键，光标显示到第 2 行。

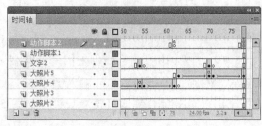

图 5-89　　　　　　　　　　　　　图 5-90

步骤4 单击"将新项目添加到脚本中"按钮 ，在弹出的菜单中选择"全局函数 > 时间轴控制 > gotoAndPlay"命令，如图 5-91 所示。在"脚本窗口"中显示出选择的脚本语言，在第 2 行脚本语言"gotoAndPlay ( )"后面的括号中输入数字 2，如图 5-92 所示。（脚本语言表示：当用鼠标单击"小照片 1"实例时，跳转到第 2 帧并开始播放第 2 帧中的动画。）

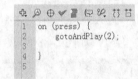

图 5-91 图 5-92

步骤5 选中"脚本窗口"中的脚本语言，复制脚本语言。选中舞台窗口中的实例"小照片 2"，在"动作"面板的"脚本窗口"中单击鼠标，出现闪动的光标，将复制过的脚本语言粘贴到"脚本窗口"中。在第 2 行脚本语言"gotoAndPlay ( )"后面的括号中重新输入数字 16，如图 5-93 所示。

步骤6 选中舞台窗口中的实例"小照片 3"，在"动作"面板的"脚本窗口"中单击鼠标，出现闪动的光标，按 Ctrl+V 组合键，将步骤 3～步骤 4 中复制过的脚本语言粘贴到"脚本窗口"中。在第 2 行脚本语言"gotoAndPlay ( )"后面的括号中重新输入数字 31，如图 5-94 所示。

```
1  on (press) {
2      gotoAndPlay(16);
3
4  }
5
```

```
1  on (press) {
2      gotoAndPlay(31);
3
4  }
5
```

图 5-93 图 5-94

步骤7 选中舞台窗口中的实例"小照片 4"，在"动作"面板的"脚本窗口"中单击鼠标，出现闪动的光标，按 Ctrl+V 组合键，将步骤 3～步骤 4 中复制过的脚本语言粘贴到"脚本窗口"中。在第 2 行脚本语言"gotoAndPlay ( )"后面的括号中重新输入数字 47，如图 5-95 所示。

步骤8 选中舞台窗口中的实例"小照片 5"，在"动作"面板的"脚本窗口"中单击鼠标，出现闪动的光标，按 Ctrl+V 组合键，将步骤 3～步骤 4 中复制过的脚本语言粘贴到"脚本窗口"中。在第 2 行脚本语言"gotoAndPlay ( )"后面的括号中重新输入数字 63，如图 5-96 所示。温馨生活照片效果制作完成，按 Ctrl+Enter 组合键即可查看效果，如图 5-97 所示。

图 5-95　　　　　　　　图 5-96　　　　　　　　图 5-97

5.1.4　【相关工具】

1. "动作"面板

在动作面板中既可以选择 ActionScript 3.0 的脚本语言，也可以应用 ActionScript 1.0&2.0 的脚本语言。选择"窗口 > 动作"命令，弹出"动作"面板，对话框的左上方为"动作工具箱"，左下方为"对象窗口"，右上方为功能按钮，右下方为"脚本窗口"，如图 5-98 所示。

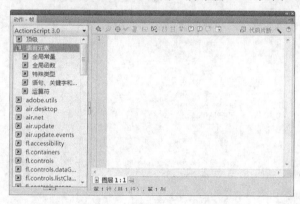

图 5-98

"动作工具箱"中显示了包含语句、函数、操作符等各种类别的文件夹。单击文件夹即可显示出动作语句，双击动作语句可以将其添加到"脚本窗口"中，如图 5-99 所示。也可单击对话框右上方的"将新项目添加到脚本中"按钮![按钮]，在其弹出菜单中选择动作语句添加到"脚本窗口"中。还可以在"脚本窗口"中直接编写动作语句，如图 5-100 所示。

图 5-99

图 5-100

在面板右上方有多个功能按钮，分别为"将新项目添加到脚本中"按钮、"查找"按钮、"插入目标路径"按钮、"语法检查"按钮、"自动套用格式"按钮、"显示代码提示"按钮、"调试选项"按钮、"折叠成对大括号"按钮、"折叠所选"按钮、"展开全部"按钮、"应用块注释"按钮、"应用行注释"按钮、"删除注释"按钮和"显示/隐藏工具箱"按钮，如图 5-101 所示。

图 5-101

如果当前选择的是帧，那么在"动作"面板中设置的是该帧的动作语句；如果当前选择的是一个对象，那么在"动作"面板中设置的是该对象的动作语句。

可以在"首选参数"对话框中设置"动作"面板的默认编辑模式。选择"编辑 > 首选参数"命令，弹出"首选参数"对话框，在对话框中选择"ActionScript"选项，如图 5-102 所示。

在"语法颜色"选项组中不同的颜色用于表示不同的动作脚本语句，这样可以减少脚本中的语法错误。

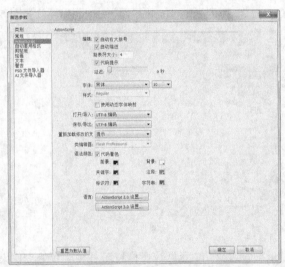

图 5-102

2. 数据类型

数据类型描述了动作脚本的变量或元素可以包含信息的种类。动作脚本有两种数据类型，分别为原始数据类型和引用数据类型。原始数据类型是指 String（字符串）、Number（数字）和 Boolean（布尔值），它们拥有固定类型的值，因此可以包含它们所代表元素的实际值。引用数据类型是指影片剪辑和对象，它们值的类型是不固定的，因此它们包含对该元素实际值的引用。

下面介绍各种数据类型。

（1）String（字符串）：字符串是诸如字母、数字、标点符号等字符的序列，字符串必须用一对双引号标记，字符串被当作字符而不是变量进行处理。

例如，在下面的语句中，"L7" 是一个字符串。

favoriteBand = "L7";

（2）Number（数字型）：数字的算术值，要进行正确数学运算的值必须是数字数据类型。可

以使用算术运算符加（＋）、减（－）、乘（*）、除（/）、求模（%）、递增（＋|＋）和递减（－|－）来处理数字，也可使用内置的 Math 对象的方法处理数字。

例如，使用 sqrt( )（平方根）方法返回数字 100 的平方根。

Math.sqrt(100);

（3） Boolean（布尔型）：值为 true 或 false 的变量被称为布尔型变量，动作脚本也会在需要时将值 true 和 false 转换为 1 和 0。在确定"是/否"的情况下，布尔型变量是非常有用的。布尔型变量在进行比较以控制脚本流的动作脚本语句中经常与逻辑运算符一起使用。

例如，在下面的脚本中如果变量 password 为 true，则会播放该 SWF 文件。

```
onClipEvent (enterFrame) {
    if (userName == true && password == true){
        play();
    }
}
```

（4） Movie Clip（影片剪辑型）：Flash 影片中可以播放动画的元件，它们是唯一引用图形元素的数据类型。Flash 中的每个影片剪辑都是一个 Movie Clip 对象，它们拥有 Movie Clip 对象中定义的方法和属性。通过点（.）运算符可以调用影片剪辑内部的属性和方法。

例如：

my_mc.startDrag(true);

parent_mc.getURL("http://www.macromedia.com/support/" + product);

（5） Object（对象型）：所有使用动作脚本创建的基于对象的代码。对象是属性的集合，每个属性都拥有自己的名称和值，属性的值可以是任何的 Flash 数据类型，甚至可以是对象数据类型。通过点（.）运算符可以引用对象中的属性。

例如，在下面的代码中，hoursWorked 是 weeklyStats 的属性，而 weeklyStats 是 employee 的属性。

employee.weeklyStats.hoursWorked

（6） Null（空值）：空值数据类型只有一个值，即 Null，这意味着没有值，即缺少数据。Null 可以用在各种情况中，如作为函数的返回值，表明函数没有可以返回的值，表明变量还没有接收到值以及表明变量不再包含值等。

（7） Undefined（未定义）：未定义的数据类型只有一个值，即 Undefined，用于尚未分配值的变量。如果一个函数引用了未在其他地方定义的变量，那么 Flash 将返回未定义数据类型。

3. 语法规则

动作脚本拥有自己的一套语法规则和标点符号，下面将进行介绍相关内容。

（1）点运算符。在动作脚本中，点（.）用于表示与对象或影片剪辑相关联的属性或方法，也可用于标识影片剪辑或变量的目标路径。点（.）运算符表达式以影片或对象的名称开始，中间为点（.）运算符，最后是要指定的元素。

例如，_x 影片剪辑属性指示影片剪辑在舞台上的 x 轴位置，表达式 ballMC._x 引用影片剪辑实例 ballMC 的_x 属性。

再如，ubmit 是 form 影片剪辑中设置的变量，此影片剪辑嵌在影片剪辑 shoppingCart 之中。表达式 shoppingCart.form.submit = true 将实例 form 的 submit 变量设置为 true。

无论是表达对象的方法还是影片剪辑的方法，均遵循同样的模式。例如，ball_mc 影片剪辑实例的 play() 方法在 ball_mc 的时间轴中移动播放头，可以用下面的语句表示。

ball_mc.play();

点语法还使用两个特殊别名，即_root 和_parent。别名_root 是指主时间轴，可以使用_root 别名创建一个绝对目标路径。例如，下面的语句调用主时间轴上影片剪辑 functions 中的函数 buildGameBoard()。

_root.functions.buildGameBoard();

可以使用别名_parent 引用当前对象嵌入到的影片剪辑，也可使用_parent 创建相对目标路径。例如，如果影片剪辑 dog_mc 嵌入影片剪辑 animal_mc 的内部，则实例 dog_mc 的如下语句会指示 animal_mc 停止。

_parent.stop();

（2）界定符。

大括号：动作脚本中的语句可被大括号包括起来组成语句块。例如，

```
// 事件处理函数
on (release) {
    myDate = new Date();
    currentMonth = myDate.getMonth();
}


on(release)
{
    myDate = new Date();
    currentMonth = myDate.getMonth();
}
```

分号：动作脚本中的语句可以由一个分号结尾。如果在结尾处省略分号，Flash 仍然可以成功编译脚本。例如：

```
var column = passedDate.getDay();
var row = 0;
```

圆括号：在定义函数时，任何参数定义都必须放在一对圆括号内。例如：

```
function myFunction (name, age, reader){
}
```

调用函数时，需要被传递的参数也必须放在一对圆括号内。例如：

```
myFunction ("Steve", 10, true);
```

可以使用圆括号改变动作脚本的优先顺序或增强程序的可读性。

（3）区分大小写。在区分大小写的编程语言中，仅大小写不同的变量名（如 book 和 Book）被视为互不相同。Action Script 2.0 中的标识符区分大小写，例如，下面两条动作语句是不同的。

```
cat.hilite = true;
CAT.hilite = true;
```

对于关键字、类名、变量、方法名等要严格区分大小写。如果关键字大小写出现错误，在编写程序时就会有错误信息提示。如果采用了彩色语法模式，那么正确的关键字将以深蓝色显示。

（4）注释。在"动作"面板中，使用注释语句可以在一个帧或者按钮的脚本中添加说明，有利于增加程序的可读性。注释语句以双斜线（//）开始，斜线显示为灰色，注释内容可以不考虑长度和语法，注释语句不会影响 Flash 动画输出时的文件量。例如：

```
on (release) {
    // 创建新的 Date 对象
    myDate = new Date();
    currentMonth = myDate.getMonth();
    // 将月份数转换为月份名称
    monthName = calcMonth(currentMonth);
    year = myDate.getFullYear();
    currentDate = myDate.getDate();
}
```

（5）关键字。动作脚本保留一些单词用于该语言总的特定用途，因此不能将它们用作变量、函数或标签的名称。如果在编写程序的过程中使用了关键字，动作编辑框中的关键字会以蓝色显示。为了避免冲突，在命名时可以展开动作工具箱中的 Index 域，检查是否使用了已定义的名字。

（6）常量。常量中的值永远不会改变，所有的常量都可以在"动作"面板的工具箱和动作脚本字典中找到。

例如，常数 BACKSPACE、ENTER、QUOTE、RETURN、SPACE 和 TAB 是 Key 对象的属性，指代键盘的按键。若要测试是否按了 Enter 键，可以使用下面的语句：

```
if(Key.getCode() == Key.ENTER) {
    alert = "Are you ready to play?";
    controlMC.gotoAndStop(5);
}
```

4. 变量

变量是包含信息的容器，容器本身不会改变，但内容可以更改。当第一次定义变量时，最好为变量定义一个已知值，这就是初始化变量，通常在 SWF 文件的第 1 帧中完成。每一个影片剪辑对象都有自己的变量，而且不同的影片剪辑对象中的变量相互独立且互不影响。

变量中可以存储的常见信息类型包括 URL、用户名、数字运算的结果和事件发生的次数等。

为变量命名必须遵循以下规则。

（1）变量名在其作用范围内必须是唯一的。

（2）变量名不能是关键字或布尔值（true 或 false）。

（3）变量名必须以字母或下画线开始，由字母、数字和下划线组成，其间不能包含空格，且变量名没有大小写的区别。

变量的范围是指变量在其中已知并且可以引用的区域，它包含以下 3 种类型。

（1）本地变量：在声明它们的函数体（由大括号决定）内可用。本地变量的使用范围只限于它的代码块，会在该代码块结束时到期，其余的本地变量会在脚本结束时到期。若要声明本地变量，可以在函数体内部使用 var 语句。

（2）时间轴变量：可用于时间轴上的任意脚本。要声明时间轴变量，应在时间轴的所有帧上都初始化这些变量。应先初始化变量，然后尝试在脚本中访问它。

（3）全局变量：对于文档中的每个时间轴和范围均可见。如果要创建全局变量，可以在变量名称前使用_global 标识符，不使用 var 语法。

5. 函数

函数是用来对常量、变量等进行某种运算的方法，如产生随机数、进行数值运算、获取对象属性等。函数是一个动作脚本代码块，它可以在影片中的任何位置上重新使用。如果将值作为参数传递给函数，则函数将对这些值进行操作。函数也可以返回值。

调用函数可以用一行代码来代替一个可执行的代码块。函数可以执行多个动作，并为它们传递可选项。函数必须要有唯一的名称，以便在代码行中可以知道访问的是哪一个函数。

Flash CS5 具有内置的函数，可以访问特定的信息或执行特定的任务。例如，获得 Flash 播放器的版本号。属于对象的函数叫做方法，不属于对象的函数叫做顶级函数，可以在"动作"面板的"函数"类别中找到。

每个函数都具备自己的特性，而且某些函数需要传递特定的值。如果传递的参数多于函数的需要，多余的值将被忽略。如果传递的参数少于函数的需要，空的参数会被指定为 Undefined 数据类型，这在导出脚本时可能会导致出现错误。如果要调用函数，该函数必须在播放头到达的帧中。

动作脚本提供了自定义函数的方法，用户可以自行定义参数，并返回结果。当在主时间轴上或影片剪辑时间轴的关键帧中添加函数时，就是在定义函数。所有的函数都有目标路径。所有的函数需要在名称后跟一对括号，但括号中是否有参数是可选的。一旦定义了函数，就可以从任何一个时间轴中调用它，包括加载的 SWF 文件的时间轴。

6. 表达式和运算符

表达式是由常量、变量、函数和运算符按照运算法则组成的计算式。运算符是可以提供对数值、字符串、逻辑值进行运算的关系符号。运算符有很多种，包括数值运算符、字符串运算符、比较运算符、逻辑运算符、位运算符、赋值运算符等。

（1）算术运算符及表达式。算术表达式是数值进行运算的表达式，它由数值、以数值为结果的函数和算术运算符组成，运算结果是数值或逻辑值。

在 Flash CS5 中可以使用的算术运算符如下。

＋、－、＊、/：执行加、减、乘、除运算。

＝、<>：比较两个数值是否相等、不相等。

< 、<= 、>、>=：比较运算符前面的数值是否小于、小于等于、大于、大于等于后面的数值。

（2）字符串表达式。字符串表达式是对字符串进行运算的表达式，它由字符串、以字符串为结果的函数和字符串运算符组成，运算结果是字符串或逻辑值。

在 Flash CS5 中可以参与字符串表达式的运算符如下。

&：连接运算符两边的字符串。

Eq 、Ne：判断运算符两边的字符串是否相等或不相等。

Lt 、Le 、Qt 、Qe：判断运算符左边字符串的 ASCII 是否小于、小于等于、大于、大于等于右边字符串的 ASCII。

（3）逻辑表达式。逻辑表达式是对正确、错误结果进行判断的表达式，它由逻辑值、以逻辑值为结果的函数、以逻辑值为结果的算术或字符串表达式和逻辑运算符组成，运算结果是逻辑值。

（4）位运算符。位运算符用于处理浮点数。运算时先将操作数转换为 32 位的二进制数，然后对每个操作数分别按位进行运算，运算后再将二进制的结果按照 Flash 的数值类型返回运算结果。

动作脚本的位运算符包括&（位与）、/（位或）、^（位异或）、~（位非）、<<（左移位）、>>（右移位）、>>>（填 0 右移位）等。

（5）赋值运算符。赋值运算符的作用是为变量、数组元素或对象的属性赋值。

5.1.5　【实战演练】制作情侣照片电子相册

使用钢笔工具绘制按钮图形；使用创建传统补间命令制作动画效果；使用遮罩层命令制作挡板图形；使用 Deco 工具制作背景效果；使用动作面板添加脚本语言。（最终效果参看光盘中的"Ch05 > 效果 > 制作情侣照片电子相册"，见图 5-103。）

5.2　制作浪漫婚纱相册

图 5-103

5.2.1　【案例分析】

每对新人在举行婚礼前，都要拍摄浪漫的婚纱照片，还特别希望将拍摄好的婚纱照片制作成电子相册，在婚礼的现场播放，因此浪漫婚纱相册需要制造出浪漫温馨的气氛。

5.2.2　【设计理念】

在设计制作过程中，要挑选最有代表性的婚纱照片，根据照片的场景和颜色来设计摆放的顺序，选择最有意境的照片来作为背景图，通过动画来表现出照片在浏览时的视觉效果。（最终效果参看光盘中的"Ch05 > 效果 > 制作浪漫婚纱相册"，见图 5-104。）

5.2.3　【操作步骤】

图 5-104

1. 导入图片

步骤 1　选择"文件 > 新建"命令，在弹出的"新建文档"对话框中选择"ActionScript 2.0"选项，单击"确定"按钮，进入新建文档舞台窗口。按 Ctrl+F3 组合键，弹出文档"属性"面板，单击面板中的"编辑"按钮 编辑… ，弹出"文档设置"对话框，将"宽度"选项设为600，"高度"选项设为 450，单击"确定"按钮，改变舞台窗口的大小。

步骤 2　在"属性"面板中，单击"配置文件"选项右侧的按钮，弹出"发布设置"对话框，选中"播放器"选项下拉列表中的"Flash Player 10"，如图 5-105 所示，单击"确定"按钮。

步骤 3　选择"文件 > 导入 > 导入到库"命令，在弹出的"导入到库"对话框中选择"Ch05 > 素材 > 制作浪漫婚纱相册>01~07"文件，单击"打开"按钮，文件被导入到"库"面板中。

步骤 4　在"库"面板下方单击"新建元件"按钮 ，弹出"创建新元件"对话框，在"名称"选项的文本框中输入"照片"，在"类型"选项的下拉列表中选择"图形"，单击"确定"按钮，新建图形元件"照片"，如图 5-106 所示，舞台窗口也随之转换为图形元件的舞台窗口。

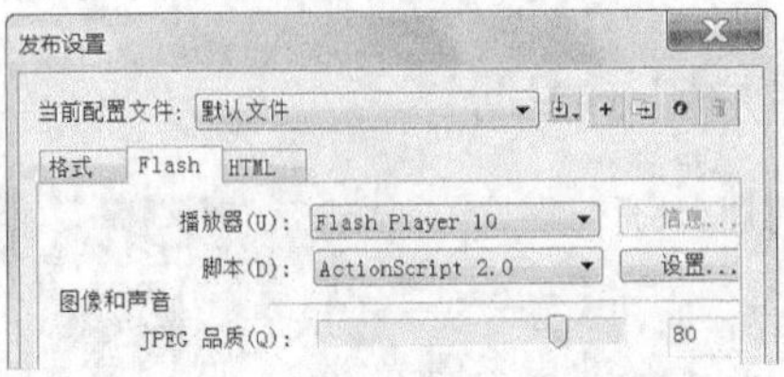

图 5-105

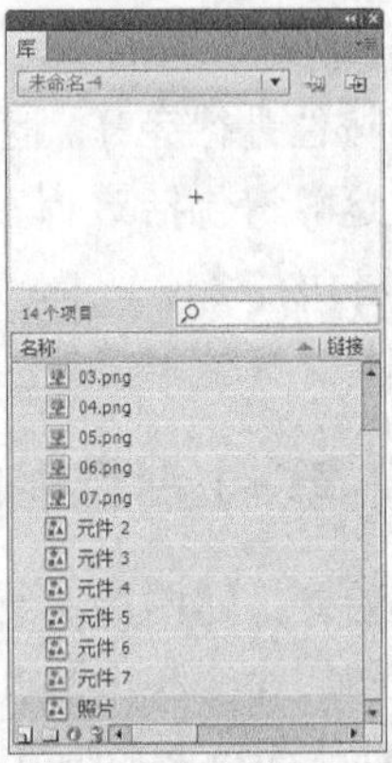

图 5-106

步骤 5 分别将“库”面板中的图形元件“元件 2”、“元件 3”、“元件 4”、“元件 5”、“元件 6”、“元件 7”拖曳到舞台窗口中，调出位图“属性”面板，将所有照片的“Y”选项值设为 0，“X”选项保持不变，效果如图 5-107 所示。

图 5-107

步骤 6 选中所有实例，选择“修改 > 对齐 > 按宽度均匀分布”命令，效果如图 5-108 所示。

图 5-108

2. 绘制按钮图形并添加脚本语言

步骤 1 单击“新建元件”按钮，新建按钮元件“按钮”，效果如图 5-109 所示。选择“文本”工具 T，在文本工具“属性”面板中进行设置，在舞台窗口中适当的位置输入大小为 25、字体为“方正兰亭粗黑简体”的洋红色（#C2145C）文字，文字效果如图 5-110 所示。

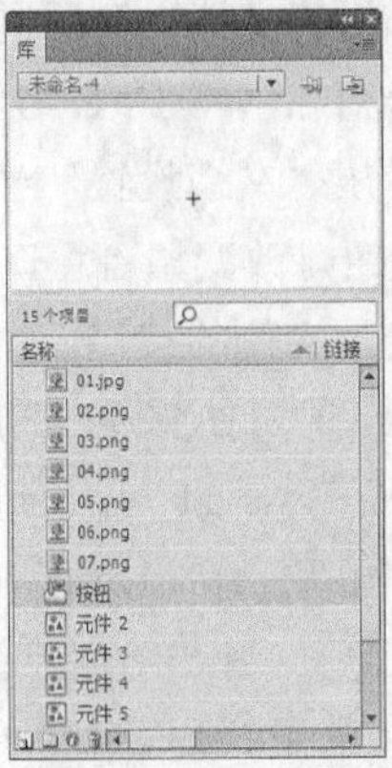

图 5-109

图 5-110

步骤 2 选择"多角星形"工具 ⬡，调出多角星形"属性"面板，将"笔触颜色"设为无，"填充颜色"设为洋红色（#C2145C），在"工具设置"选项组中单击"选项"按钮，在弹出的"工具设置"对话框中进行设置，如图 5-111 所示，单击"确定"按钮，在文字的右方绘制一个三角形，效果如图 5-112 所示。

步骤 3 选中"图层 1"的"指针经过"帧，按 F6 键插入关键帧，在舞台窗口中选中文字与图形，在工具箱中将"填充颜色"设为青色（#3399FF），文字和图形颜色也随之改变，效果如图 5-113 所示。

图 5-111

图 5-112

图 5-113

步骤 4 单击舞台窗口左上方的"场景 1"图标 ，进入"场景 1"的舞台窗口。将"图层 1"重新命名为"背景"。将"库"面板中的位图"01"拖曳到舞台窗口中，效果如图 5-114 所示。选中"背景"图层的第 300 帧，按 F5 键插入普通帧，如图 5-115 所示。

图 5-114

图 5-115

步骤 5 单击"时间轴"面板下方的"新建图层"按钮 ，创建新图层并将其命名为"按钮"，如图 5-116 所示。选中"按钮"图层的第 2 帧，按 F6 键插入关键帧。选中"按钮"图层的第 1 帧，将"库"面板中的按钮元件"按钮"拖曳到舞台窗口中，并放置到合适的位置，效果如图 5-117 所示。

图 5-116

图 5-117

步骤 6 选中"按钮"图层的第 1 帧，选择"窗口 > 动作"命令，弹出"动作"面板。在面板中单击"将新项目添加到脚本中"按钮 ，在弹出的菜单中选择"全局函数 > 时间轴控制 > stop"命令，如图 5-118 所示。在"脚本窗口"中显示出选择的脚本语言，如图 5-119 所示。设置好动作脚本后，关闭"动作"面板。在"按钮"图层的第 1 帧上显示出一个标记"a"。

中等职业教育数字艺术类规划教材

图 5-118   图 5-119

步骤 **7** 选中"按钮"图层的第 1 帧，在舞台窗口中选中"按钮"实例，在"动作"面板中单击 "将新项目添加到脚本中"按钮 ，在弹出的菜单中选择"全局函数 > 影片剪辑控制 > on" 命令，如图 5-120 所示。在"脚本窗口"中显示出选择的脚本语言，在下拉列表中选择"release"， 如图 5-121 所示。将光标放置在第 1 行脚本语言的最后，按 Enter 键，光标切换到第二行。

图 5-120   图 5-121

步骤 **8** 在"动作"面板中单击"将新项目添加到脚本中"按钮 ，在弹出的菜单中选择"全 局函数 > 时间轴控制 > gotoAndPlay"命令，如图 5-122 所示。在"脚本窗口"中显示出选 择的脚本语言，如图 5-123 所示。在脚本语言后面的小括号中输入数字"2"，如图 5-124 所 示。设置好动作脚本后，关闭"动作"面板。

图 5-122   图 5-123   图 5-124

3. 制作浏览照片效果

步骤 1 在"时间轴"面板中创建新图层并将其命名为"照片"。选中"照片"图层的第2帧，按 F6 键插入关键帧。将"库"面板中的图形元件"照片"拖曳到舞台窗口的左外侧，效果如图 5-125 所示。

步骤 2 选中"照片"图层的第 300 帧，按 F6 键插入关键帧。按住 Shift 键，将"照片"实例水平拖曳到舞台窗口的右外侧，效果如图 5-126 所示。用鼠标右键单击"照片"图层的第2帧，在弹出的快捷菜单中选择"创建传统补间"命令，生成传统补间动画，如图 5-127 所示。

图 5-125　　　　　　　图 5-126　　　　　　　　　图 5-127

步骤 3 在"时间轴"面板中创建新图层并将其命名为"遮罩"。选中"遮罩"图层的第2帧，按 F6 键插入关键帧。选择"矩形"工具，在工具箱中将"笔触颜色"设为无，"填充颜色"设为土黄色（#D99E44），在舞台窗口中绘制一个矩形，效果如图 5-128 所示。

步骤 4 选择"选择"工具，选中矩形，按住 Shift+Alt 组合键，将矩形水平向右拖曳到适当的位置，复制图形。用相同的方法制作出如图 5-129 所示的效果。

图 5-128　　　　　　　　　　　　　　　图 5-129

步骤 5 框选需要的图形，如图 5-130 所示，按 Delete 键将其删除，效果如图 5-131 所示。选中"遮罩"图层的第2帧，选中舞台窗口中的所有矩形，按 Ctrl+C 组合键复制图形。

图 5-130　　　　　　　　　　　　　　　图 5-131

步骤 6 在"时间轴"面板中创建新图层并将其命名为"透明底纹"。选中该图层的第 1 帧，按 Ctrl+Shift+V 组合键将复制的图形原位粘贴到"透明底纹"图层中，效果如图 5-132 所示。选择"窗口 > 颜色"命令，弹出"颜色"面板，选中"填充颜色"按钮，将"填充颜色"设为白色，"Alpha"选项设为 50%，如图 5-133 所示，舞台中的效果如图 5-134 所示。

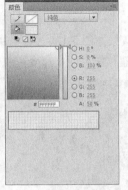

图 5-132　　　　　　　图 5-133　　　　　　　图 5-134

步骤 7 将"透明底纹"图层拖曳到"照片"的下方，如图 5-135 所示。用鼠标右键单击"遮罩"图层的图层名称，在弹出的快捷菜单中选择"遮罩层"命令，将"遮罩"图层转换为遮罩层，如图 5-136 所示。

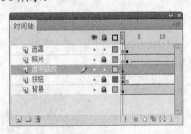

图 5-135　　　　　　　　　　图 5-136

步骤 8 在"时间轴"面板中创建新图层并将其命名为"装饰"。选择"矩形"工具，在工具箱中将"笔触颜色"设为无，"填充颜色"设为土黄色（#D99E44），在舞台窗口中绘制一个矩形，效果如图 5-137 所示。将"填充颜色"设为白色，再次绘制多个矩形条，效果如图 5-138 所示。

步骤 9 在"时间轴"面板中创建新图层并将其命名为"文字"。选择"文本"工具，在文本"属性"面板中进行设置，在舞台窗口中输入需要的白色文字，效果如图 5-139 所示。浪漫婚纱相册效果制作完成，按 Ctrl+Enter 组合键即可查看效果。

图 5-137　　　　　　　图 5-138　　　　　　　图 5-139

5.2.4　【相关工具】

1. "对齐"面板

选择"窗口 > 对齐"命令或按 Ctrl+K 组合键，弹出"对齐"面板，如图 5-140 所示。

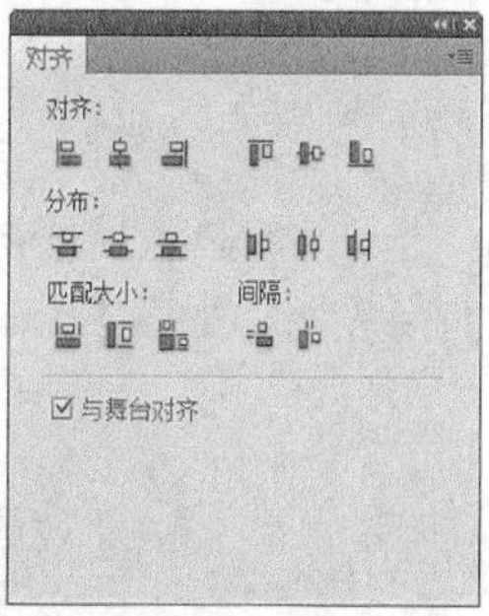

◎ "对齐"选项组

"左对齐"按钮　：设置选取对象左端对齐。

"水平中齐"按钮　：设置选取对象沿垂直线中对齐。

"右对齐"按钮　：设置选取对象右端对齐。

"顶对齐"按钮　：设置选取对象上端对齐。

"垂直中齐"按钮　：设置选取对象沿水平线中对齐。

"底对齐"按钮　：设置选取对象下端对齐。

◎ "分布"选项组

图 5-140

"顶部分布"按钮　：设置选取对象在横向上上端间距相等。

"垂直居中分布"按钮　：设置选取对象在横向上中心间距相等。

"底部分布"按钮　：设置选取对象在横向上、下端间距相等。

"左侧分布"按钮　：设置选取对象在纵向上左端间距相等。

"水平居中分布"按钮　：设置选取对象在纵向上中心间距相等。

"右侧分布"按钮　：设置选取对象在纵向上右端间距相等。

◎ "匹配大小"选项组

"匹配宽度"按钮　：设置选取对象在水平方向上等尺寸变形（以所选对象中宽度最大的为基准）。

"匹配高度"按钮　：设置选取对象在垂直方向上等尺寸变形（以所选对象中高度最大的为基准）。

"匹配宽和高"按钮　：设置选取对象在水平方向和垂直方向同时进行等尺寸变形（同时以所选对象中宽度和高度最大的为基准）。

◎ "间隔"选项组

"垂直平均间隔"按钮　：设置选取对象在纵向上间距相等。

"水平平均间隔"按钮　：设置选取对象在横向上间距相等。

◎ "相对于舞台"选项

"与舞台对齐"复选框：勾选此选项后，上述所有的设置操作都是以整个舞台的宽度或高度为基准的。

导入 01 素材，选中要对齐的图形，如图 5-141 所示。单击"顶对齐"按钮　，图形上端对齐，如图 5-142 所示。

图 5-141

图 5-142

选中要分布的图形，如图 5-143 所示。单击"水平居中分布"按钮，图形在纵向上中心间距相等，如图 5-144 所示。

图 5-143　　　　　　　　　　　图 5-144

选中要匹配大小的图形，如图 5-145 所示。单击"匹配高度"按钮，图形在垂直方向上等尺寸变形，如图 5-146 所示。

图 5-145　　　　　　　　　　　图 5-146

勾选"与舞台对齐"复选框前后，应用同一个命令所产生的效果不同。选中图形，如图 5-147 所示。单击"左侧分布"按钮，效果如图 5-148 所示。勾选"与舞台对齐"复选框，单击"左侧分布"按钮，效果如图 5-149 所示。

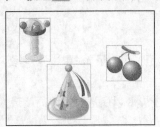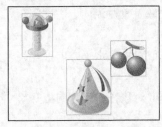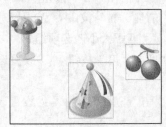

图 5-147　　　　　　　　图 5-148　　　　　　　　图 5-149

2. 翻转对象

选中图形如图 5-150 所示，选择"修改 > 变形"中的"垂直翻转"、"水平翻转"命令，可以将图形进行翻转，效果如图 5-151 和图 5-152 所示。

图 5-150　　　　　　　　图 5-151　　　　　　　　图 5-152

3. 遮罩层

◎ 创建遮罩层

要创建遮罩动画，首先要创建遮罩层。在"时间轴"面板中，用鼠标右键单击要转换遮罩层

的图层，在弹出的快捷菜单中选择"遮罩层"命令，如图 5-153 所示。选中的图层转换为遮罩层，
其下方的图层自动转换为被遮罩层，并且它们都自动被锁定，如图 5-154 所示。

图 5-153

图 5-154

提　示　如果想解除遮罩，只需单击"时间轴"面板上的遮罩层或被遮罩层上的图标将其解锁。
遮罩层中的对象可以是图形、文字、元件的实例等，但不显示位图、渐变色、透明色和
线条。一个遮罩层可以作为多个图层的遮罩层，如果要将一个普通图层变为某个遮罩层
的被遮罩层，只需将此图层拖曳至遮罩层下方即可。

◎ **将遮罩层转换为普通图层**

在"时间轴"面板中，用鼠标右键单击要转换的遮罩层，在弹出的快捷菜单中选择"遮罩层"
命令，如图 5-155 所示。遮罩层转换为普通图层，如图 5-156 所示。

图 5-155

图 5-156

4. 动态遮罩动画

步骤 1　新建空白文档，将"图层 1"重命名为"文字"，如图 5-157 所示。选择"文本"工具 T ，
在文本工具"属性"面板中进行设置，在舞台窗口中适当的位置输入大小为 61、字体为"方
正粗倩简体"的橙黄色（#FF6600）文字，文字效果如图 5-158 所示。

图 5-157

动态遮罩动画

图 5-158

步骤 2　选中"文字"图层的第 25 帧，按 F5 键在选中的帧上插入普通帧，如图 5-159 所示。单
击"时间轴"面板下方的"新建图层"按钮 ，创建新图层并将其命名为"动态遮罩"。选

择"矩形"工具▢，在工具箱中将"笔触颜色"设为无，"填充颜色"设为黑色，在文字的左侧绘制一个矩形，如图 5-160 所示。

图 5-159　　　　　　　　　　　　　图 5-160

步骤 3　选中"动态遮罩"图层的第 25 帧，按 F6 键在选中的帧上插入关键帧，如图 5-161 所示。选择"任意变形"工具▦，矩形的周围出现控制点，如图 5-162 所示。选中矩形右侧中间的控制点向右拖曳到适当的位置，改变矩形的宽度，效果如图 5-163 所示。

图 5-161　　　　　　　　图 5-162　　　　　　　　图 5-163

步骤 4　用鼠标右键单击"动态遮罩"图层的第 1 帧，在弹出的快捷菜单中选择"创建补间形状"命令，生成形状补间动画，如图 5-164 所示。

步骤 5　用鼠标右键单击"动态遮罩"图层，在弹出的快捷菜单中选择"遮罩层"命令，"动态遮罩"图层被转换为遮罩层，"文字"图层自动被转换为被遮罩层。"时间轴"面板如图 5-165所示。动态遮罩动画制作完成，按 Ctrl+Enter 组合键即可测试动画效果。

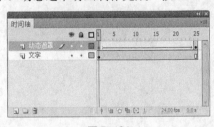

图 5-164　　　　　　　　　　　　　图 5-165

步骤 6　在不同的帧中，动画显示的效果如图 5-166 所示。

（a）第 2 帧　　　（b）第 5 帧　　　（c）第 10 帧　　　　　（d）第 15 帧

（e）第 20 帧　　　　　　　　（f）第 25 帧

图 5-166

5. 播放和停止动画

控制动画的播放和停止所使用的动作脚本语言如下。

（1）on：事件处理函数，指定触发动作的鼠标事件或按键事件。

例如：

```
on (press) {
}
```

此处的"press"代表发生的事件，可以将"press"替换为任意一种对象事件。

（2）play：用于使动画从当前帧开始播放。

例如：

```
on (press) {
play();
}
```

（3）stop：用于停止当前正在播放的动画，并使播放头停留在当前帧。

例如：

```
on (press) {
stop();
}
```

（4）　addEventListener()：用于添加事件的方法。

例如：

```
所要接收事件的对象.addEventListener(事件类型.事件名称,事件响应函数的名称);
{
//此处是为响应的事件所要执行的动作
}
```

步骤 1 打开光盘中的"03"素材文件。在"库"面板中新建一个图形元件"热气球"，如图 5-167 所示，舞台窗口也随之转换为图形元件的舞台窗口。将"库"面板中的位图"02"拖曳到舞台窗口中，效果如图 5-168 所示。

图 5-167

图 5-168

步骤 2 单击舞台窗口左上方的"场景 1"图标 场景 1，进入"场景 1"的舞台窗口。单击"时间轴"面板下方的"新建图层"按钮 ，创建新图层并将其命名为"热气球"，如图 5-169 所示。将"库"面板中的图形元件"热气球"拖曳到舞台窗口中，效果如图 5-170 所示。选中"底图"图层的第 30 帧，按 F5 键插入普通帧，如图 5-171 所示。

图 5-169

图 5-170

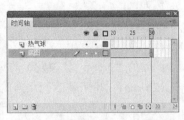
图 5-171

步骤 3 选中"热气球"图层的第 30 帧，按 F6 键插入关键帧，如图 5-172 所示。选择"选择"工具 ，在舞台窗口中将热气球图形向上拖曳到适当的位置，如图 5-173 所示。

步骤 4 用鼠标右键单击"热气球"图层的第 1 帧，在弹出的快捷菜单中选择"创建传统补间"命令，创建动作补间动画，如图 5-174 所示。

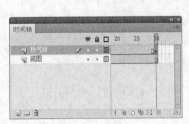

图 5-172

图 5-173

图 5-174

步骤 5 在"库"面板中新建一个按钮元件，使用矩形工具和文本工具绘制按钮图形，效果如图 5-175 所示。使用相同的方法再制作一个"停止"按钮元件，效果如图 5-176 所示。

步骤 6 单击舞台窗口左上方的"场景 1"图标 场景 1，进入"场景 1"的舞台窗口。单击"时间轴"面板下方的"新建图层"按钮 ，创建新图层并将其命名为"按钮"。将"库"面板中的按钮元件"播放"和"停止"拖曳到舞台窗口中，效果如图 5-177 所示。

图 5-175

图 5-176

图 5-177

步骤 7 选择"选择"工具 ，在舞台窗口中选中"播放"按钮实例，在"属性"面板中，将"实例名称"设为 start_Btn，如图 5-178 所示。用相同的方法将"停止"按钮实例的"实例名称"设为 stop_Btn，如图 5-179 所示。

图 5-178

图 5-179

步骤 [8] 单击"时间轴"面板下方的"新建图层"按钮，创建新图层并将其命名为"动作脚本"。选择"窗口 > 动作"命令，弹出"动作"面板，在"动作"面板中设置脚本语言，"脚本窗口"中显示的效果如图 5-180 所示。设置完成动作脚本后，关闭"动作"面板。在"动作脚本"图层中的第 1 帧上显示出一个标记"a"，如图 5-181 所示。

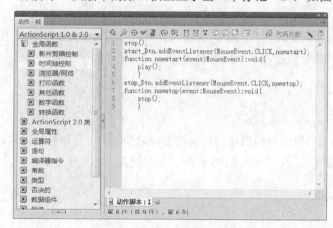

图 5-180

图 5-181

步骤 [9] 按 Ctrl+Enter 组合键查看动画效果。当单击停止按钮时，动画停止在正在播放的帧上，效果如图 5-182 所示。单击播放按钮后，动画将继续播放。

图 5-182

5.2.5　【实战演练】制作沙滩风景相册

使用"椭圆"工具绘制关闭按钮图形；使用"创建传统补间"命令制作动画效果；使用"动作"面板设置脚本语言来控制动画播放。（最终效果参看光盘中的"Ch05 > 效果 > 制作沙滩风景相册"，见图 5-183。）

中等职业教育数字艺术类规划教材

图 5-183

综合演练——制作儿童电子相册

5.3.1 【案例分析】

电子相册是指可以在计算机上观赏的静止图片的特殊文档，其内容不局限于摄影照片，也可以包括各种艺术创作图片。电子相册具有传统相册无法比拟的优越性，相册制作要求体现出童真梦幻的效果。

5.3.2 【设计理念】

在设计制作过程中，采用手绘形式的草地与树木融合浅淡的色调制作出符合儿童特色的背景，展现出可爱、温馨的氛围；可爱的婴儿照片在画面中堆叠排列，显得随意自然、轻松活泼；清新简洁的画面使人心情舒畅。

5.3.3 【知识要点】

使用变形面板改变照片的大小；使用属性面板改变照片的不透明度；使用矩形工具制作边框元件；使用属性面板改变边框元件的属性来制作照片底图效果。（最终效果参看光盘中的"Ch05 > 效果 > 制作儿童电子相册"，见图 5-184。）

图 5-184

5.4 综合演练——制作城市影集

5.4.1 【案例分析】

电子相册具有传统相册无法比拟的优越性：图、文、声、像并茂的表现手法，随意修改编辑的功能，快速的检索方式，永不褪色的恒久保存特性，以及廉价复制分发的优越手段。本例要求通过时尚清新的手法表现出城市之美。

5.4.2　【设计理念】

在设计制作过程中，画面背景采用线形画的形式进行表现，体现出时尚悠闲的城市生活；照片切换和罗列增加了电子相册的趣味性；整个画面简洁有趣，全面、直观、生动地表现出城市的时尚与动感。

5.4.3　【知识要点】

使用"插入帧"命令延长动画的播放时间，使用"创建传统补间"命令制作动画效果，使用"动作"面板设置脚本语言来控制动画播放。（最终效果参看光盘中的"Ch05 > 效果 > 制作城市影集"，见图 5-185。）

图 5-185

第6章 节目片头与MTV

Flash 动画在节目片头、影视剧片头以及 MTV 制作上的应用越来越广泛。节目片头与 MTV 体现了节目的风格和档次，它的质量将直接影响整个节目的效果。本章将介绍多个节目片头与 MTV 的制作过程。读者通过本章的学习，要掌握节目包装的设计思路和制作技巧，从而制作出更多精彩的节目片头。

 课堂学习目标

- 掌握节目片头与 MTV 的设计思路
- 掌握节目片头与 MTV 的制作方法
- 掌握节目片头与 MTV 的应用技巧

6.1 制作卡通歌曲 MTV

6.1.1 【案例分析】

卡通歌曲 MTV 是现在网络中非常流行的音乐形式。它可以根据歌曲的内容来设计制作生动有趣的 MTV 节目，吸引儿童浏览和欣赏。MTV 在设计上要注意抓住儿童的心理和喜好。

6.1.2 【设计理念】

在设计过程中，首先考虑把背景设计得欢快活泼，所以运用了不同比例的音符和装饰图案来布置背景。通过卡通动物形象的动画，营造出欢快愉悦的歌曲氛围。（最终效果参看光盘中的"Ch06 > 效果 > 制作卡通歌曲 MTV"，见图 6-1。）

图 6-1

6.1.3 【操作步骤】

1. 导入图片并制作图形元件

步骤 1 选择"文件 > 新建"命令，在弹出的"新建文档"对话框中选择"ActionScript 2.0"选项，单击"确定"按钮，进入新建文档舞台窗口。按 Ctrl+F3 组合键，弹出文档"属性"面板，单击面板中的"编辑"按钮 编辑... ，弹出"文档设置"对话框，将舞台窗口的宽度设为400，高度设为200，背景颜色设为橙色（#FF7E00），单击"确定"按钮，改变舞台窗口的大小。单击"配置文件"选项右侧的"编辑"按钮 编辑... ，弹出"发布设置"对话框，选中"播放器"选项下拉列表中的"Flash Player 10"，如图6-2所示，单击"确定"按钮。

步骤 2 选择"文件 > 导入 > 导入到库"命令，在弹出的"导入到库"对话框中选择"Ch18 > 素材 > 卡通歌曲MTV > 01"文件，单击"打开"按钮，文件被导入到"库"面板中，如图6-3所示。

步骤 3 按Ctrl+F8组合键，弹出"创建新元件"对话框，在"名称"选项的文本框中输入"M"，在"类型"选项下拉列表中选择"图形"选项，单击"确定"按钮，新建图形元件"M"，如图6-4所示，舞台窗口也随之转换为图形元件的舞台窗口。

图6-2   图6-3   图6-4

步骤 4 选择"文本"工具 T ，在文本"属性"面板中进行设置，在舞台窗口中输入橙色（#E06800）文字，效果如图6-5所示。

步骤 5 按Ctrl+F8组合键，新建图形元件"T"，如图6-6所示。选择"文本"工具 T ，在文本"属性"面板中进行设置，在舞台窗口中输入橙色（#E06800）文字，效果如图6-7所示。

步骤 6 按Ctrl+F8组合键，新建图形元件"T"，如图6-8所示。选择"文本"工具 T ，在文本"属性"面板中进行设置，在舞台窗口中输入橙色（#E06800）文字，效果如图6-9所示。

图6-5   图6-6   图6-7   图6-8   图6-9

步骤 7 按Ctrl+F8组合键，新建图形元件"文字"。选择"文本"工具 T ，在文本"属性"面板中进行设置，在舞台窗口中输入橙色（#E06800）文字，效果如图6-10所示。选择"选择"工具 ，在舞台窗口中选中文字，按Ctrl+B组合键将其打散，效果如图6-11所示。选中第

16帧，按F5键插入普通帧，选中第5帧、第9帧、第13帧，按F6键插入关键帧，如图6-12所示。

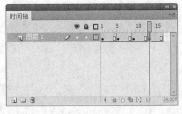

图6-10　　　　　　图6-11　　　　　　　　　图6-12

步骤 8 选择"选择"工具，选中第1帧，在舞台窗口中将"通"、"歌"、"曲"文字选中，按Delete键将其删除，效果如图6-13所示。用相同的方法将第5帧中的"歌"、"曲"文字删除，效果如图6-14所示，将第9帧中的"曲"文字删除，效果如图6-15所示。

图6-13　　　　　图6-14　　　　　图6-15

步骤 9 按Ctrl+F8组合键，新建图形元件"咖啡色块"，如图6-16所示。选择"钢笔"工具，在钢笔"属性"面板中，将"笔触颜色"选项设置为白色，"笔触"选项设置为3，在舞台窗口绘制一个不规则图形，如图6-17所示。

步骤 10 选择"颜料桶"工具，在工具箱中将填充颜色设为褐色（#5E2E00），在边框的内部单击鼠标，将其填充为褐色。选择"选择"工具，用鼠标单击白色的边框将其选中，按Delete键删除边框，效果如图6-18所示。用相同的方法删除其他边线，效果如图6-19所示。

图6-16　　　　　图6-17　　　　　图6-18　　　　　图6-19

步骤 11 用鼠标右键单击"库"面板中的图形元件"咖啡色块"，在弹出的快捷菜单中选择"直接复制"命令，弹出"直接复制元件"对话框。在"名称"选项的文本框中输入"紫色块"，在"类型"选项的下拉列表中选择"图形"，单击"确定"按钮，复制出新的图形元件"紫色块"。双击"库"面板中的元件"紫色块"，舞台窗口转换为图形元件的舞台窗口。

步骤 12 在舞台窗口中选中形状，在"属性"面板中将填充色设为紫色（#B74290），如图6-20所示。选择"部分选取"工具，单击图形外边线，出现多个节点，如图6-21所示。选中需要的节点，如图6-22所示。垂直向下拖曳节点到适当的位置，效果如图6-23所示。

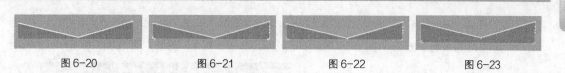

| 图6-20 | 图6-21 | 图6-22 | 图6-23 |

步骤 `13` 用鼠标右键单击"库"面板中的图形元件"紫色块",在弹出的快捷菜单中选择"直接复制"命令,在弹出的对话框中进行设置,如图 6-24 所示,单击"确定"按钮,复制出新的图形元件。双击"库"面板中的元件"黄色块",舞台窗口转换为图形元件的舞台窗口。

步骤 `14` 在舞台窗口中选中形状,在"属性"面板中将填充色设黄色(#EB7E2C),如图 6-25 所示。选择"部分选取"工具 ![箭头] ,单击图形外边线,出现多个节点,选中需要的节点,如图 6-26 所示。垂直向下拖曳节点到适当的位置,效果如图 6-27 所示。

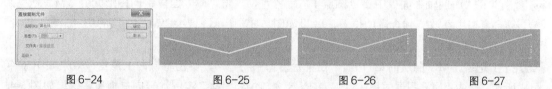

| 图6-24 | 图6-25 | 图6-26 | 图6-27 |

步骤 `15` 用鼠标右键单击"库"面板中的图形元件"黄色块",在弹出的快捷菜单中选择"直接复制"命令,在弹出的对话框中进行设置,如图 6-28 所示,单击"确定"按钮,复制出新的图形元件。双击"库"面板中的元件"绿色块",舞台窗口转换为图形元件的舞台窗口。

步骤 `16` 在舞台窗口中选中形状,在"属性"面板中将填充色设绿色(#EB7E2C),如图 6-29 所示。选择"部分选取"工具 ![箭头] ,单击图形外边线,出现多个节点,选中需要的节点,如图 6-30 所示。垂直向下拖曳节点到适当的位置,效果如图 6-31 所示。

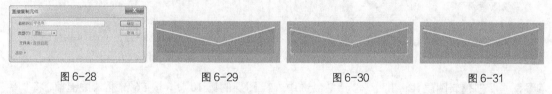

| 图6-28 | 图6-29 | 图6-30 | 图6-31 |

步骤 `17` 用鼠标右键单击"库"面板中的图形元件"绿色块",在弹出的快捷菜单中选择"直接复制"命令,在弹出的对话框中进行设置,如图 6-32 所示,单击"确定"按钮,复制出新的图形元件。双击"库"面板中的元件"蓝色块",舞台窗口转换为图形元件的舞台窗口。

步骤 `18` 在舞台窗口中选中形状,在"属性"面板中将填充色设蓝色(#EB7E2C),如图 6-33 所示。选择"部分选取"工具 ![箭头] ,单击图形外边线,出现多个节点,选中需要的节点,如图 6-34 所示。垂直向下拖曳节点到适当的位置,效果如图 6-35 所示。

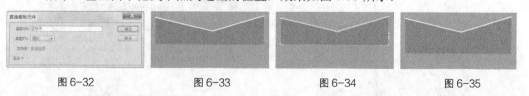

| 图6-32 | 图6-33 | 图6-34 | 图6-35 |

2. 制作影片剪辑元件

步骤 `1` 按 Ctrl+F8 组合键,新建影片剪辑元件"MTV"。将"图层 1"重新命名为"底"。选择"钢笔"工具 ![钢笔] ,在钢笔"属性"面板中,将笔触颜色选项设置为土黄色(#CDB388),笔触选项设置为 1,在舞台窗口绘制一个不规则图形,如图 6-36 所示。

步骤 2 选择"颜料桶"工具 🌢，在工具箱中将填充颜色设为白色，在边框的内部单击鼠标，将其填充为白色，效果如图 6-37 所示。选中第 35 帧，按 F5 键插入普通帧，如图 6-38 所示。

图 6-36   图 6-37

图 6-38

步骤 3 在"时间轴"面板中将"图层 1"命名为 M，将"库"面板中的图形元件"M"拖曳到舞台窗口中并放置到合适的位置，效果如图 6-39 所示。选中"M"图层的第 10 帧、第 15 帧，按 F6 键插入关键帧。

步骤 4 选中"M"图层的第 1 帧，在舞台窗口中将"M"实例垂直向上拖曳，效果如图 6-40 所示。选中"M"图层的第 15 帧，在舞台窗口中将"M"实例水平向左拖曳，效果如图 6-41 所示。

步骤 5 分别用鼠标右键单击"M"图层的第 1 帧、第 10 帧，在弹出的快捷菜单中选择"创建传统补间"命令，生成传统补间动画，如图 6-42 所示。

图 6-39   图 6-40   图 6-41

图 6-42

步骤 6 创建新图层并将其命名为"T"。选中"T"图层的第 10 帧，按 F6 键插入关键帧，将"库"面板中的图形元件"T"拖曳到舞台窗口中，并放置到合适的位置，效果如图 6-43 所示。选中"T"图层的第 20 帧，按 F6 键插入关键帧。

步骤 7 选中"T"图层的第 10 帧，在舞台窗口中将"T"实例垂直向上拖曳，效果如图 6-44 所示。用鼠标右键单击"T"图层的第 10 帧，在弹出的快捷菜单中选择"创建传统补间"命令，生成传统补间动画，如图 6-45 所示。

图 6-43   图 6-44

图 6-45

步骤 8 创建新图层并将其命名为"V"。选中"V"图层的第 20 帧，按 F6 键插入关键帧，将"库"面板中的图形元件"V"拖曳到舞台窗口中，并放置到合适的位置，效果如图 6-46 所示。选中"V"图层的第 30 帧、第 35 帧，按 F6 键插入关键帧。

步骤 9 选中"V"图层的第 20 帧，在舞台窗口中将"V"实例垂直向上拖曳，效果如图 6-47

所示。选中"V"图层的第 35 帧，在舞台窗口中将"V"实例水平向右拖曳，效果如图 6-48 所示。

步骤 10　分别用鼠标右键单击"V"图层的第 20 帧、第 30 帧，在弹出的快捷菜单中选择"创建传统补间"命令，生成传统补间动画，如图 6-49 所示。

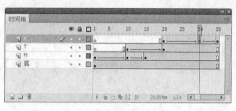

图 6-46　　　　　图 6-47　　　　　图 6-48　　　　　　　　　图 6-49

步骤 11　创建新图层并将其命名为"动作脚本"。选中"动作脚本"图层的第 35 帧，按 F6 键插入关键帧。选择"窗口 > 动作"命令，弹出"动作"面板，在面板的左上方将脚本语言版本设置为"Action Script 1.0 & 2.0"，在面板中单击"将新项目添加到脚本中"按钮 ，在弹出的菜单中选择"全局函数 > 时间轴控制 > stop"命令，如图 6-50 所示在"脚本窗口"中显示出选择的脚本语言，如图 6-51 所示。设置好动作脚本后，关闭"动作"面板，在"动作脚本"图层的第 35 帧上显示出一个标记"a"。

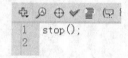

图 6-50　　　　　　　　　　　　　　　　　　　　图 6-51

3. 制作动物动画

步骤 1　按 Ctrl+F8 组合键，新建影片剪辑元件"小猫动"，舞台窗口也随之转换为影片剪辑元件的舞台窗口。将"库"面板中的图形元件"元件 1"拖曳到舞台窗口中，效果如图 6-52 所示。

步骤 2　按 Ctrl+T 组合键，弹出"变形"面板，在"变形"面板中单击"约束"按钮 ，将"缩放宽度"和"缩放高度"的比例分别设为 20，如图 6-53 所示。按 Enter 键确定，效果如图 6-54 所示。

图 6-52　　　　　　　　　图 6-53　　　　　　　　图 6-54

步骤 3 选中"图层 1"图层的第 20 帧、第 40 帧、第 60 帧、第 80 帧，按 F6 键插入关键帧，如图 6-55 所示。选中第 20 帧，按 Ctrl+T 组合键，弹出"变形"面板，在"变形"面板中将旋转选项设为 10，如图 6-56 所示，效果如图 6-57 所示。

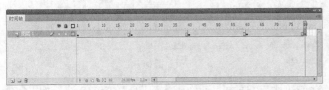

图 6-55　　　　　　　　　　图 6-56　　　　图 6-57

步骤 4 选中"图层 1"图层的第 60 帧，在"变形"面板中，将"旋转"选项设为 11，如图 6-58 所示，效果如图 6-59 所示。分别用鼠标右键单击"图层 1"图层的第 1 帧、第 20 帧、第 40 帧、第 60 帧，在弹出的快捷菜单中选择"创建传统补间"命令，生成传统动作补间动画，如图 6-60 所示。

图 6-58　　　　　　图 6-59　　　　　　　　　　图 6-60

步骤 5 选中"图层 1"的第 80 帧，选择"窗口 > 动作"命令，弹出"动作"面板，在面板中单击"将新项目添加到脚本中"按钮，在弹出的菜单中选择"全局函数 > 时间轴控制 > stop"命令，如图 6-61 所示。在"脚本窗口"中显示出选择的脚本语言，如图 6-62 所示。设置好动作脚本后，关闭"动作"面板，在"图层 1"的第 80 帧上显示出一个标记"a"。

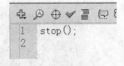

图 6-61　　　　　　　　　　　　　　图 6-62

4. 制作色块动画

步骤 1 单击舞台窗口左上方的"场景 1"图标，进入"场景 1"的舞台窗口。将"图层 1"

重命名为"矩形"。选择"矩形"工具 ，在矩形工具"属性"面板中，将"笔触颜色"设为白色，"填充颜色"设为浅黄色（#FFEFD5），其他选项的设置如图 6-63 所示。在舞台窗口中绘制一个圆角矩形，效果如图 6-64 所示。选中"矩形"图层的第 162 帧，按 F5 键插入普通帧。

步骤 **2** 单击"时间轴"面板下方的"新建图层"按钮 ，创建新图层并将其命名为"钢笔装饰"。选择"钢笔"工具 ，在钢笔"属性"面板中，将"笔触颜色"选项设为黑色，"笔触大小"选项设为 0.1，在舞台窗口绘制一个不规则图形，如图 6-65 所示。

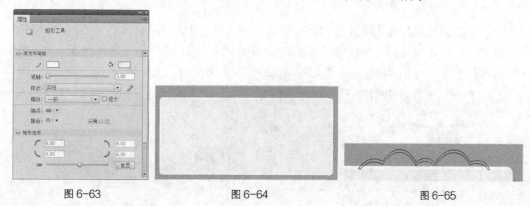

图 6-63　　　　　　　　图 6-64　　　　　　　　图 6-65

步骤 **3** 选择"颜料桶"工具 ，在工具箱中将填充颜色设为白色，在边框的内部单击鼠标，将其填充为白色。选择"选择"工具 ，用鼠标双击黑色边框将其选中，按 Delete 键删除边框，效果如图 6-66 所示。

步骤 **4** 选择"钢笔"工具 ，在钢笔"属性"面板中，将"笔触颜色"选项设置为黑色，"笔触"选项设置为 0.1，在舞台窗口绘制一个不规则图形，如图 6-67 所示。选择"颜料桶"工具 ，在工具箱中将填充颜色设为浅黄色（#FFEFD5），在边框的内部单击鼠标，将其填充为浅黄色。选择"选择"工具 ，用鼠标双击黑色边框将其选中，按 Delete 键删除边框，效果如图 6-68 所示。

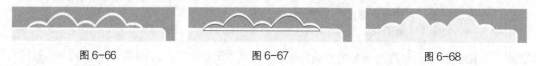

图 6-66　　　　　　　　图 6-67　　　　　　　　图 6-68

步骤 **5** 创建新图层并将其命名为"蓝色块"。选中"蓝色块"图层的第 11 帧，按 F6 键插入关键帧，如图 6-69 所示。将"库"面板中的图形元件"蓝色块"拖曳到舞台窗口中，效果如图 6-70 所示。选中"蓝色块"图层的第 26 帧，按 F6 键插入关键帧。

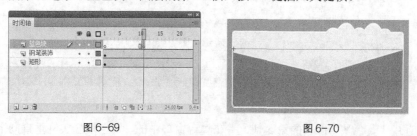

图 6-69　　　　　　　　　　　　　图 6-70

步骤 **6** 选中"蓝色块"图层的第 11 帧，将舞台窗口中的"蓝色块"实例垂直向上拖曳，效果如图 6-71 所示。用鼠标右键单击"蓝色块"图层的第 11 帧，在弹出的快捷菜单中选择"创建传统补间"命令,生成传统动作补间动画,如图 6-72 所示。

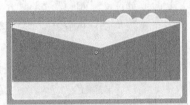

图 6-71　　　　　　　　　　　　图 6-72

步骤 7 创建新图层并将其命名为"绿色块"。选中"绿色块"图层的第 7 帧,按 F6 键插入关键帧,如图 6-73 所示。将"库"面板中的图形元件"绿色块"拖曳到舞台窗口中,效果如图 6-74 所示。选中"绿色块"图层的第 22 帧,按 F6 键插入关键帧。

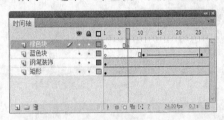
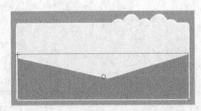

图 6-73　　　　　　　　　　　　图 6-74

步骤 8 选中"绿色块"图层的第 7 帧,将在舞台窗口中的"绿色块"实例垂直向上拖曳,效果如图 6-75 所示。用鼠标右键单击"绿色块"图层的第 7 帧,在弹出的快捷菜单中选择"创建传统补间"命令,生成传统动作补间动画,如图 6-76 所示。

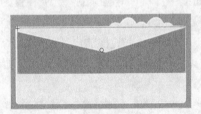
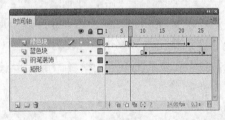

图 6-75　　　　　　　　　　　　图 6-76

步骤 9 创建新图层并将其命名为"黄色块"。选中"黄色块"图层的第 5 帧,按 F6 键插入关键帧,如图 6-77 所示。将"库"面板中的图形元件"黄色块"拖曳到舞台窗口中,效果如图 6-78 所示。选中"黄色块"图层的第 19 帧,按 F6 键插入关键帧。

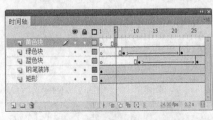
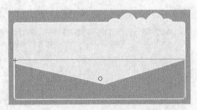

图 6-77　　　　　　　　　　　　图 6-78

步骤 10 选中"黄色块"图层的第 5 帧,将在舞台窗口中的"黄色块"实例垂直向上拖曳,效果如图 6-79 所示。用鼠标右键单击"黄色块"图层的第 5 帧,在弹出的快捷菜单中选择"创建传统补间"命令,生成传统动作补间动画,如图 6-80 所示。

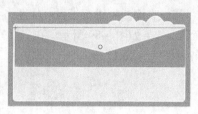

图 6-79 图 6-80

步骤 11 创建新图层并将其命名为"紫色块"。选中"紫色块"图层的第 3 帧，按 F6 键插入关键帧，如图 6-81 所示。将"库"面板中的图形元件"紫色块"拖曳到舞台窗口中，效果如图 6-82 所示。选中"紫色块"图层的第 17 帧，按 F6 键插入关键帧。

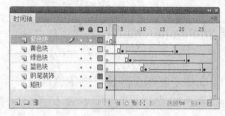
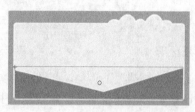

图 6-81 图 6-82

步骤 12 选中"紫色块"图层的第 3 帧，将舞台窗口中的"紫色块"实例垂直向上拖曳，效果如图 6-83 所示。用鼠标右键单击"紫色块"图层的第 3 帧，在弹出的快捷菜单中选择"创建传统补间"命令，生成传统动作补间动画，如图 6-84 所示。

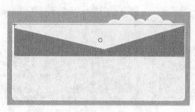
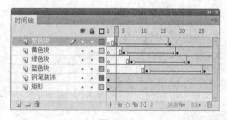

图 6-83 图 6-84

步骤 13 创建新图层并将其命名为"咖啡色块"。将"库"面板中的图形元件"咖啡色块"拖曳到舞台窗口中，效果如图 6-85 所示。选中"咖啡色块"图层的第 17 帧，按 F6 键插入关键帧。

步骤 14 选中"咖啡色块"图层的第 1 帧，将在舞台窗口中的"咖啡色块"实例垂直向上拖曳，效果如图 6-86 所示。用鼠标右键单击"咖啡色块"图层的第 1 帧，在弹出的快捷菜单中选择"创建传统补间"命令，生成传统动作补间动画，如图 6-87 所示。

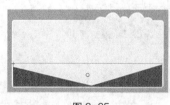

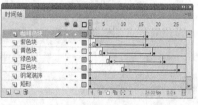

图 6-85 图 6-86 图 6-87

5. 制作音乐符装饰

步骤 1 创建新图层并将其命名为"音乐符装饰"。选中"音乐符装饰"图层的第 26 帧，按 F6

键插入关键帧。选择"线条"工具 ，在工具"属性"面板中进行设置，如图 6-88 所示。按住 Shift 键的同时，在舞台窗口中绘制多条直线，效果如图 6-89 所示。在"属性"面板中将"笔触"选项设为 3，再次绘制一条直线，效果如图 6-90 所示。

图 6-88　　　　　　　　图 6-89　　　　　　　　　　　图 6-90

步骤 **2** 选择"椭圆"工具 ，在椭圆"属性"面板中将填充颜色设为白色，笔触颜色设为无，其他设置如图 6-91 所示。在舞台窗口中绘制多个椭圆，效果如图 6-92 所示。在"属性"面板中将填充颜色设为橙色（#EB7E2C），在适当的位置绘制一个椭圆，效果如图 6-93 所示。

图 6-91　　　　　　　　图 6-92　　　　　　　　　　　图 6-93

步骤 **3** 将填充颜色设为绿色（#739F3E），在适当的位置绘制一个椭圆，效果如图 6-94 所示。选择"椭圆"工具 ，在椭圆"属性"面板中将"填充颜色"设为浅黄色（#FFEFD5），"笔触颜色"设为无，在舞台窗口中绘制多个椭圆，效果如图 6-95 所示。

图 6-94　　　　　　　　　　　图 6-95

步骤 **4** 选择"钢笔"工具 ，在钢笔"属性"面板中，将"笔触颜色"选项设置为黑色，"笔触"选项设置为 0.1，在舞台窗口绘制一个不规则图形，如图 6-96 所示。选择"颜料桶"工具 ，在工具箱中将填充颜色设为白色，在边框的内部单击鼠标，将其填充为白色。选择"选择"工具 ，用鼠标双击黑色边框将其选中，按 Delete 键删除边框，效果如图 6-97 所示。用相同的方法绘制其他图形，效果如图 6-98 所示。

图 6-96 图 6-97 图 6-98

6. 制作动画效果

步骤1 创建新图层并将其命名为"小猫"。选中"小猫"图层的第35帧,按F6键插入关键帧,将"库"面板中的影片剪辑元件"小猫动"拖曳到舞台窗口中,效果如图 6-99 所示,选择"修改 > 变形 > 水平翻转"命令,将图形进行翻转,效果如图 6-100 所示。

步骤2 选中"小猫"图层的第46帧,按F6键插入关键帧。选中"小猫"图层的第35帧,选中"小猫动"实例,在图形"属性"面板中选择"色彩效果"选项组,在"样式"选项的下拉列表中选择"Alpha",将其值设为0。

步骤3 用鼠标右键单击"小猫"图层的第35帧,在弹出的快捷菜单中选择"创建传统补间"命令,生成传统动作补间动画,如图 6-101 所示。

图 6-99 图 6-100 图 6-101

步骤4 创建新图层并将其命名为"MTV"。选中"MTV"图层的第50帧,按F6键插入关键帧,将"库"面板中的影片剪辑元件"MTV"拖曳到舞台窗口中,效果如图 6-102 所示。选中"MTV"图层的第60帧,按F6键插入关键帧。

步骤5 选中"MTV"图层的第50帧,选择"任意变形"工具,调整"MTV"实例的大小和位置,效果如图 6-103 所示。

步骤6 用鼠标右键单击"MTV"图层的第50帧,在弹出的快捷菜单中选择"创建传统补间"命令,生成传统动作补间动画,如图 6-104 所示。

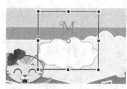

图 6-102 图 6-103 图 6-104

步骤7 创建新图层并将其命名为"文字"。选中"文字"图层的第101帧,按F6键插入关键帧,将"库"面板中的图形元件"卡通歌曲"拖曳到舞台窗口中,效果如图 6-105 所示。选中"文字"图层的第111帧,按F6键插入关键帧。

步骤8 选中"文字"图层的第101帧,在舞台窗口中将"卡通歌曲"实例水平向右拖曳,效果如图 6-106 所示。用鼠标右键单击"文字"图层的第101帧,在弹出的快捷菜单中选择"创建传统补间"命令，生成传统动作补间动画，如图 6-107 所示。

图 6-105　　　　　　　图 6-106　　　　　　　图 6-107

步骤 9 在"时间轴"面板中创建新图层并将其命名为"音乐"。选中"音乐"图层的第 35 帧，按 F6 键插入关键帧。将"库"面板中的声音文件"02"拖曳到舞台窗口中，"时间轴"面板如图 6-108 所示。卡通歌曲 MTV 效果制作完成，按 Ctrl+Enter 组合键即可查看效果，如图 6-109 所示。

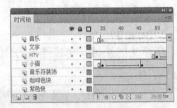

图 6-108　　　　　　　　　　　图 6-109

6.1.4 【相关工具】

1. 导入声音素材并添加声音

Flash CS5 在"库"中可以保存声音、位图、组件和元件。与图形组件一样，只需要一个声音文件的副本，即可在文档中以各种方式使用这个声音文件。

步骤 1 要为动画添加声音，可以选择"文件 > 打开"命令，弹出"打开"对话框，选择动画文件，单击"打开"按钮将文件打开，如图 6-110 所示。选择"文件 > 导入 > 导入到库"命令，在弹出的"导入"对话框中选中声音文件，单击"打开"按钮，将声音文件导入到"库"面板中，如图 6-111 所示。

步骤 2 单击"时间轴"面板下方的"新建图层"按钮，创建新的图层"音乐"，将其作为放置声音文件的图层，如图 6-112 所示。

图 6-110　　　　　　　　图 6-111　　　　　　　图 6-112

步骤 3 将"库"面板中的声音文件"02"拖曳到舞台窗口中，如图 6-113 所示。松开鼠标，在"音乐"图层中出现声音文件的波形，如图 6-114 所示。声音添加完成，按 Ctrl+Enter 组合键即可测试添加效果。

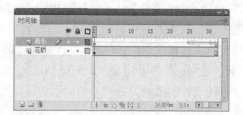

图 6-113   图 6-114

2. "属性"面板

在"时间轴"面板中选中声音文件所在图层的第 1 帧，按 Ctrl+F3 组合键，弹出帧"属性"面板，如图 6-115 所示。

"名称"选项：可以在此选项的下拉列表中选择"库"面板中的声音文件。

"效果"选项：可以在此选项的下拉列表中选择声音播放的效果，如图 6-116 所示。

图 6-115   图 6-116

"无"选项：不对声音文件应用效果。选择此选项后可以删除以前应用于声音的特效。

"左声道"选项：只在左声道播放声音。

"右声道"选项：只在右声道播放声音。

"向右淡出"选项：选择此选项，声音从左声道渐变到右声道。

"向左淡出"选项：选择此选项，声音从右声道渐变到左声道。

"淡入"选项：选择此选项，在声音的持续时间内逐渐增加其音量。

"淡出"选项：选择此选项，在声音的持续时间内逐渐减小其音量。

"自定义"选项：选择此选项，弹出"编辑封套"对话框，通过自定义声音的淡入和淡出点，创建自己的声音效果。

"编辑声音封套"按钮：选择此选项，弹出"编辑封套"对话框，通过自定义声音的淡入和淡出点，创建自己的声音效果。

"同步"选项：此选项用于选择何时播放声音，如图 6-117 所示。其中各选项的含义如下。

图 6-117

"事件"选项：将声音和发生的事件同步播放。事件声音在它的起始关键帧开始显示时播放，并独立于时间轴播放完整个声音，即使影片文件停止也继续播放。当播放发布的 SWF 影片文件时，事件声音混合在一起。一般情况下，当用户单击一个按钮播放声音时选择事件声音。如果事件声音正在播放，而声音再次被实例化（如用户再次单击按钮），则第一个声音实例继续播放，另一个声音实例同时开始播放。

"开始"选项：与"事件"选项的功能相近，但如果所选择的声音实例已经在时间轴的其他地方播放，则不会播放新的声音实例。

"停止"选项：使指定的声音静音。在时间轴上同时播放多个声音时，可指定其中一个为静音。

"数据流"选项：使声音同步，以便在 Web 站点上播放。Flash 强制动画和音频流同步。换句话说，音频流随动画的播放而播放，随动画的结束而结束。当发布 SWF 文件时，音频流混合在一起。一般给帧添加声音时使用此选项。音频流声音的播放长度不会超过它所占帧的长度。

提　示　在 Flash 中有两种类型的声音：事件声音和音频流。事件声音必须完全下载后才能开始播放，除非明确停止，它将一直连续播放。音频流在前几帧下载了足够的资料后就开始播放，音频流可以和时间轴同步，以便在 Web 站点上播放。

"重复"选项：用于指定声音循环的次数。可以在选项后的数值框中设置循环次数，如图 6-118 所示。

"循环"选项：用于循环播放声音。一般情况下，不循环播放音频流。如果将音频流设为循环播放，帧就会添加到文件中，文件的大小就会根据声音循环播放的次数而倍增。

图 6-118

6.1.5　【实战演练】制作英文歌曲 MTV

使用"打开外部库"命令导入素材文件；使用"帧"命令延长动画的播放时间；使用"新建元件"命令创建影片剪辑；使用"插入关键帧"命令制作帧动画效果；使用动作面板制作白云飘过动画效果；使用声音文件为动画添加音效，使动画变得更生动。（最终效果参看光盘中的"Ch06＞效果＞制作英文歌曲 MTV"，见图 6-119。）

图 6-119

6.2　制作英文诗歌教学片头

6.2.1　【案例分析】

网络英文教学是现在非常流行的一种教学模式。它可以根据教学的内容来设计制作生动有趣的动画效果，吸引大家浏览和学习。教学片头在设计上要注意颜色的搭配，声音与图形的出场时间要保持一致。

6.2.2　【设计理念】

在设计制作过程中，利用粉红色背景和英文的搭配，营造出英文诗歌教学的活跃气氛；通过字母 C、G 跳跃的形式配合背景声音的出场，表现出诗歌的韵律和节奏感。右上角的按钮可以左右拖动，从而帮助学习者调整适当的音量。（最终效果参看光盘中的"Ch06 > 效果 >制作英文诗歌教学片头"，见图 6-120。）

图 6-120

6.2.3 【操作步骤】

1. 导入图形并制作动画

步骤 1 选择"文件 > 新建"命令，在弹出的"新建文档"对话框中选择"ActionScript 2.0"选项，单击"确定"按钮，进入新建文档舞台窗口。按 Ctrl+F3 组合键，弹出文档"属性"面板，将"背景颜色"设为橙色（#FF9900），单击"确定"按钮，改变舞台窗口的颜色。

步骤 2 选择"文件 > 导入 > 导入到库"命令，在弹出的"导入到库"对话框中选择"Ch06 > 素材 > 制作英文诗歌教学片头 > C、class、G、good、按钮、01、声音"文件，单击"打开"按钮，文件被导入"库"面板中，如图 6-121 所示。

步骤 3 在"库"面板下方单击"新建元件"按钮，弹出"创建新元件"对话框，在"名称"选项的文本框中输入"矩形块"，在"类型"选项下拉列表中选择"影片剪辑"选项，单击"确定"按钮，新建影片剪辑元件"矩形块"，如图 6-122 所示，舞台窗口也随之转换为影片剪辑元件的舞台窗口。

步骤 4 选择"矩形"工具，在矩形"属性"面板中将"笔触颜色"设为无，"填充颜色"设为白色，在舞台窗口中绘制出一个矩形，效果如图 6-123 所示。选择"选择"工具，在舞台窗口中选中矩形，在"属性"面板中将"Alpha"选项设为 0。

图 6-121

图 6-122

图 6-123

步骤 5 在"库"面板中，用鼠标右键单击"按钮"元件，在弹出的快捷菜单中选择"属性"命令，弹出"元件属性"对话框，在"类型"下拉列表中选择"影片剪辑"，如图 6-124 所示。单击"确定"按钮，按钮元件转换为影片剪辑元件，如图 6-125 所示。

步骤 6 单击舞台窗口左上方的"场景 1"图标，进入"场景 1"的舞台窗口。将"图层1"重命名为"底图"。将"库"面板中的位图"01"拖曳到舞台窗口中，效果如图 6-126 所示。选中"底图"图层的第 150 帧，按 F5 键插入普通帧。

图 6-124   图 6-125   图 6-126

步骤7 单击"时间轴"面板下方的"新建图层"按钮 创建新图层，并将其命名为"c1"。将"库"面板中的图形元件"c"拖曳到舞台窗口的右上方外侧，效果如图 6-127 所示。选中"c1"图层的第 10 帧，按 F6 键插入关键帧，选择"任意变形"工具 ，在舞台窗口中选中"c"实例，将其缩小并放置到合适的位置，效果如图 6-128 所示。

步骤8 用鼠标右键单击"c1"图层的第 1 帧，在弹出的快捷菜单中选择"创建传统补间"命令，生成传统补间动画，如图 6-129 所示。

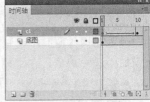

图 6-127   图 6-128   图 6-129

步骤9 选中"c1"图层的第 13 帧，按 F6 键插入关键帧，选择"选择"工具 ，在舞台窗口中选中"c"实例，调出图形"属性"面板，分别将宽度、高度设为 70，舞台窗口中的效果如图 6-130 所示。分别选中"c1"图层的第 15 帧、第 20 帧、第 24 帧、第 28 帧、第 30 帧、第 45 帧，按 F6 键插入关键帧，如图 6-131 所示。

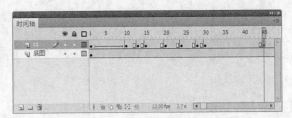

图 6-130   图 6-131

步骤10 选中"c1"图层的第 20 帧，选择"任意变形"工具 ，在舞台窗口中选中"c"实例将其变形，按住 Shift 键的同时将其水平向左拖曳到合适的位置，效果如图 6-132 所示。

步骤11 选中"c1"图层的第 24 帧，在舞台窗口中选中"c"实例，按住 Shift 键的同时将其水平向左拖曳到合适的位置，效果如图 6-133 所示。选中"c1"图层的第 28 帧，在舞台窗口中选中"c"实例将其变形，按住 Shift 键的同时将其水平向左拖曳到舞台窗口的外侧，效果如

图6-134所示。

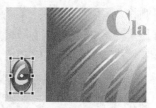

图6-132　　　　　　　　　图6-133　　　　　　　　　图6-134

步骤12 选中"c1"图层的第30帧，在舞台窗口中选中"c"实例，按住Shift键的同时将其水平向左拖曳到舞台窗口的外侧，效果如图6-135所示。

步骤13 选中"c1"图层的第45帧，在舞台窗口中选中"c"实例，按住Shift键的同时将其水平向右拖曳到舞台窗口的外侧，效果如图6-136所示。

步骤14 分别用鼠标右键单击"c1"图层的第15帧、第20帧、第24帧、第30帧，在弹出的快捷菜单中选择"创建传统补间"命令，生成传统补间动画，如图6-137所示。

图6-135　　　　　　　　　图6-136　　　　　　　　　图6-137

步骤15 在"时间轴"面板中创建新图层并将其命名为"c2"。选中"c2"图层的第17帧，按F6键插入关键帧。将"库"面板中的图形元件"c"拖曳到舞台窗口中，选择"任意变形"工具，按住Shift键的同时将其等比缩小，并放置到合适的位置，效果如图6-138所示。

步骤16 选中"c2"图层的第24帧，按F6键插入关键帧，选择"任意变形"工具，在舞台窗口中选中"c"实例将其变形，按住Shift键的同时将其垂直向下拖曳到舞台窗口的下方，效果如图6-139所示。

步骤17 分别选中"c2"图层的第25帧、第28帧，按F6键插入关键帧。选中"c2"图层的第25帧，在舞台窗口中选中"c"实例，选择"任意变形"工具将其变形，并放置到合适的位置，效果如图6-140所示。

图6-138　　　　　　　　　图6-139　　　　　　　　　图6-140

步骤18 分别选中"c2"图层的第31帧、第35帧，按F6键插入关键帧。选中"c2"图层的第31帧，选择"任意变形"工具，在舞台窗口中选中"c"实例将其变形，并放置到合适的位置，效果如图 6-141 所示。

步骤 19 选中 "c2" 图层的第 35 帧，在舞台窗口中选中 "c" 实例，调出图形 "属性" 面板，分别将 "宽度"、"高度" 设为 62，并将其放置到合适的位置，效果如图 6-142 所示。选中 "c2" 图层的第 43 帧，按 F6 键插入关键帧，选择 "任意变形" 工具 ，在舞台窗口中选中 "c" 实例将其变形，并放置到合适的位置，效果如图 6-143 所示。

图 6-141　　　　　　　　　　图 6-142　　　　　　　　　　图 6-143

步骤 20 选中 "c2" 图层的第 50 帧，按 F6 键插入关键帧，在舞台窗口中选中 "c" 实例，按住 Shift 键的同时将其垂直向上拖曳到舞台上方，效果如图 6-144 所示。

步骤 21 选中 "c2" 图层的第 62 帧，按 F6 键插入关键帧，在舞台窗口中选中 "c" 实例，调出图形 "属性" 面板，分别将 "宽度"、"高度" 设为 20，将 "X"、"Y" 设为 256、160，效果如图 6-145 所示。

图 6-144　　　　　　　　　　　　　图 6-145

步骤 22 选中 "c2" 图层的第 67 帧，按 F6 键插入关键帧，在舞台窗口中选中 "c" 实例，选择 "任意变形" 工具 ，按住 Shift 键的同时将其等比放大，效果如图 6-146 所示。

步骤 23 分别选中 "c2" 图层的第 70 帧和第 75 帧，按 F6 键插入关键帧。选中 "c2" 图层的第 75 帧，在舞台窗口中选中 "c" 实例，在图形 "属性" 面板中选择 "色彩效果" 选项组，在 "样式" 选项的下拉列表中选择 "Alpha"，将其值设为 0，舞台窗口中的效果如图 6-147 所示。

图 6-146　　　　　　　　　　　　　图 6-147

步骤 24 分别用鼠标右键单击 "c2" 图层的第 17 帧、第 43 帧、第 62 帧、第 70 帧，在弹出的快捷菜单中选择 "创建传统补间" 命令，生成传统补间动画，如图 6-148 所示。

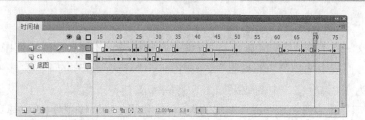

图 6-148

2. 制作 class 文字动画

步骤 1 在"时间轴"面板中创建新图层并将其命名为"class"。选中"class"图层的第 46 帧，按 F6 键插入关键帧。将"库"面板中的图形元件"class"拖曳到舞台窗口的右下方外侧，效果如图 6-149 所示。

步骤 2 选中"class"图层的第 61 帧，按 F6 键插入关键帧。在舞台窗口中选中"class"实例，按住 Shift 键的同时将其水平向左拖曳到舞台左下方，效果如图 6-150 所示。

步骤 3 分别选中"class"图层的第 67 帧、第 71 帧、第 76 帧，按 F6 键插入关键帧。选中"class"图层的第 61 帧，选择"任意变形"工具，在舞台窗口中选中"class"实例，按住 Alt 键的同时向左拖曳右侧中间的控制点将其变形，效果如图 6-151 所示。

图 6-149

图 6-150

图 6-151

步骤 4 选中"class"图层的第 76 帧，在舞台窗口中选中"class"实例，按住 Shift 键的同时将其水平向左拖曳到舞台外侧，效果如图 6-152 所示。分别用鼠标右键单击"class"图层的第 46 帧、第 61 帧、第 71 帧，在弹出的快捷菜单中选择"创建传统补间"命令，生成传统补间动画，如图 6-153 所示。

步骤 5 在"时间轴"面板中创建新图层并将其命名为"c3"。选中"c3"图层的第 10 帧，按 F6 键插入关键帧。将"库"面板中的图形元件"c"拖曳到舞台窗口的左上方外侧，效果如图 6-154 所示。

图 6-152

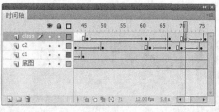
图 6-153

图 6-154

步骤 6 选中"c3"图层的第 17 帧，按 F6 键插入关键帧。选择"任意变形"工具，在舞台窗口中选中"c"实例，按住 Shift 键的同时将其等比缩小到合适的大小，并拖曳到舞台窗口的右下方，效果如图 6-155 所示。

步骤 7 选中"c3"图层的第 24 帧，按 F6 键插入关键帧。在舞台窗口中选中"c"实例，在图形"属性"面板中选择"色彩效果"选项组，在"样式"选项的下拉列表中选择"Alpha"，将其值设为 0。舞台窗口中的效果如图 6-156 所示。

步骤 8 分别用鼠标右键单击"c3"图层的第 10 帧和第 17 帧，在弹出的快捷菜单中选择"创建传统补间"命令，生成传统补间动画，如图 6-157 所示。

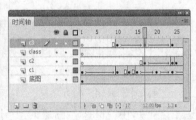

图 6-155   图 6-156   图 6-157

3. 制作 G 图形动画

步骤 1 在"时间轴"面板中创建新图层并将其命名为"g1"。选中"g1"图层的第 82 帧，按 F6 键插入关键帧。将"库"面板中的图形元件"g"拖曳到舞台窗口中，选择"任意变形"工具，按住 Shift 键的同时将其等比缩小，并放置到合适的位置，效果如图 6-158 所示。

步骤 2 选中"g1"图层的第 87 帧，按 F6 键插入关键帧。选择"任意变形"工具，在舞台窗口中选中"g"实例将其适当变形，按住 Shift 键的同时将其垂直向下拖曳到合适的位置，效果如图 6-159 所示。

步骤 3 分别选中"g1"图层的第 88 帧、第 90 帧，按 F6 键插入关键帧。选中"g1"图层的第 88 帧，选择"任意变形"工具，在舞台窗口中选中"g"实例将其适当变形，效果如图 6-160 所示。

步骤 4 选中"g1"图层的第 92 帧，按 F6 键插入关键帧。选择"选择"工具，在舞台窗口中选中"g"实例调出图形"属性"面板，分别将"宽度"、"高度"设为 92，舞台窗口中的效果如图 6-161 所示。

步骤 5 选中"g1"图层的第 103 帧，按 F6 键插入关键帧。在舞台窗口中选中"g"实例，按住 Shift 键的同时将其水平向右拖曳到舞台窗口外侧，效果如图 6-162 所示。

步骤 6 分别用鼠标右键单击"g1"图层的第 82 帧、第 92 帧，在弹出的快捷菜单中选择"创建传统补间"命令，生成传统补间动画，如图 6-163 所示。选中"g1"图层的第 92 帧，调出帧"属性"面板，选择"旋转"下拉列表中的"顺时针"选项。

图 6-158   图 6-159   图 6-160

图 6-161　　　　　　　　　图 6-162　　　　　　　　　图 6-163

4. 制作 Good 文字动画

步骤 1 在"时间轴"面板中创建新图层并将其命名为"good"。选中"good"图层的第 114 帧，按 F6 键插入关键帧。将"库"面板中的图形元件"good"拖曳到舞台窗口的左下方外侧，效果如图 6-164 所示。

步骤 2 选中"good"图层的第 133 帧，按 F6 键插入关键帧。在舞台窗口中选中"good"实例，按住 Shift 键的同时将其水平向右拖曳到舞台窗口的外侧，效果如图 6-165 所示。

步骤 3 选中"good"图层的第 134 帧，按 F6 键插入关键帧。在舞台窗口中选中"good"实例，将其拖曳到舞台窗口的中间位置，效果如图 6-166 所示。

图 6-164　　　　　　　　　图 6-165　　　　　　　　　图 6-166

步骤 4 选中"good"图层的第 139 帧，按 F6 键插入关键帧。选中"good"图层的第 134 帧，选择"任意变形"工具，在舞台窗口中选中"good"实例，按住 Shift 键的同时将其等比缩小，并将其垂直向上拖曳到舞台上方，效果如图 6-167 所示。

步骤 5 分别用鼠标右键单击"good"图层的第 114 帧、第 134 帧，在弹出的快捷菜单中选择"创建传统补间"命令，生成传统补间动画，如图 6-168 所示。

图 6-167　　　　　　　　　　　图 6-168

步骤 6 在"时间轴"面板中创建新图层并将其命名为"g2"。选中"g2"图层的第 76 帧，按 F6 键插入关键帧。将"库"面板中的图形元件"g"拖曳到舞台窗口中，选择"任意变形"工具，按住 Shift 键的同时将其等比缩小，并放置到舞台窗口的右上方外侧，效果如图 6-169 所示。

步骤 7 选中"g2"图层的第 82 帧，按 F6 键插入关键帧。在舞台窗口中选中"g"实例，按住

Shift 键的同时将其等比放大，并拖曳到舞台窗口的左下方，效果如图 6-170 所示。

步骤 8 选中"g2"图层的第 91 帧，按 F6 键插入关键帧。选择"选择"工具 ，在舞台窗口中选中"g"实例，按住 Shift 键的同时水平向左拖曳到适当的位置，效果如图 6-171 所示。

图 6-169　　　　　　　　图 6-170　　　　　　　　图 6-171

步骤 9 选中"g2"图层的第 93 帧，按 F6 键插入关键帧。在舞台窗口中选中"g"实例，在图形"属性"面板中选择"色彩效果"选项组，在"样式"选项的下拉列表中选择"Alpha"，将其值设为 0，并将"g"实例拖曳到舞台的中间位置，效果如图 6-172 所示。

步骤 10 选中"g2"图层的第 100 帧，按 F6 键插入关键帧。选择"任意变形"工具 ，在舞台窗口中选中"g"实例，按住 Shift 键的同时将其等比缩小。在图形"属性"面板中选择"色彩效果"选项组，在"样式"选项的下拉列表中选择"Alpha"，将其值设为 100%，舞台窗口中的效果如图 6-173 所示。

图 6-172　　　　　　　　　　　图 6-173

步骤 11 选中"g2"图层的第 105 帧，按 F6 键插入关键帧。在舞台窗口中选中"g"实例，按住 Alt 键的同时拖动"g"实例将其复制。按住 Shift 键的同时将其等比缩小，并放置到合适的位置，效果如图 6-174 所示。

步骤 12 选中"g2"图层的第 107 帧，按 F6 键插入关键帧。在舞台窗口中选中两个"g"实例，按住 Alt 键的同时拖动"g"实例将其复制，并将复制出来的"g"实例放置到与小"g"实例大致相同的位置将其覆盖，效果如图 6-175 所示。

步骤 13 选中"g2"图层的第 110 帧，按住 Shift 键在单击第 150 帧，选中第 110 帧~第 150 帧的所有帧，用鼠标右键单击被选中的帧，在弹出的快捷菜单中选择"删除帧"命令，将被选中的帧删除，如图 6-176 所示。

图 6-174　　　　　　　　图 6-175　　　　　　　　图 6-176

步骤 14 分别用鼠标右键单击"g2"图层的第 76 帧、第 82 帧、第 93 帧，在弹出的快捷菜单中选择"创建传统补间"命令，生成传统补间动画，如图 6-177 所示。选中"g1"图层的第 82 帧，在帧"属性"面板中选择"补间"选项组，在"旋转"选项的下拉列表中选择"顺时针"。

步骤 15 在"时间轴"面板中创建新图层并将其命名为"g3"。选中"g3"图层的第 123 帧，按 F6 键插入关键帧，将"库"面板中的图形元件"g"拖曳到舞台窗口中。选择"任意变形"工具，按住 Shift 键的同时将其等比缩小，并放置到舞台窗口的上方，效果如图 6-178 所示。

步骤 16 选中"g3"图层的第 129 帧，按 F6 键插入关键帧。选择"选择"工具，在舞台窗口中选中"g"实例，按住 Shift 键的同时将其垂直向下拖曳到合适的位置，效果如图 6-179 所示。

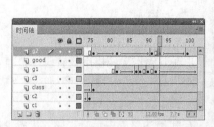

图 6-177

图 6-178

图 6-179

步骤 17 用鼠标右键单击"g3"图层的第 123 帧，在弹出的菜单中选择"创建传统补间"命令，生成传统补间动画，如图 6-180 所示。在"时间轴"面板中创建新图层并将其命名为"音乐"，将"库"面板中的声音文件"声音"拖曳到舞台窗口中。

步骤 18 在"时间轴"面板中创建新图层并将其命名为"控制条"，将"库"面板中的图形元件"控制条"拖曳到舞台窗口的左上方，效果如图 6-181 所示。

图 6-180

图 6-181

步骤 19 在"时间轴"面板中创建新图层并将其命名为"矩形块"，将"库"面板中的影片剪辑元件"矩形块"拖曳到舞台窗口的左上方，效果如图 6-182 所示。在影片剪辑"属性"面板的"实例名称"文本框中输入"bar_sound"，如图 6-183 所示。

图 6-182

图 6-183

步骤 20 在"时间轴"面板中创建新图层并将其命名为"按钮",将"库"面板中的影片剪辑元件"按钮"拖曳到舞台窗口的右上方中,效果如图 6-184 所示。在影片剪辑"属性"面板的"实例名称"文本框中输入"bar_con2",如图 6-185 所示。

图 6-184　　　　　　　　　　　图 6-185

步骤 21 在"时间轴"面板中创建新图层并将其命名为"动作脚本",选中"动作脚本"图层的第 1 帧,选择"窗口 > 动作"命令,弹出"动作"面板,在"动作"面板中设置脚本语言,"脚本窗口"中显示的效果如图 6-186 所示。设置好动作脚本后关闭"动作"面板,在"动作脚本"图层的第 1 帧上显示出一个标记"a"。

步骤 22 用鼠标右键单击"库"面板中的声音文件"声音",在弹出的菜单中选择"属性"命令,弹出"声音属性"对话框。单击对话框下方的"高级"按钮,勾选"为 ActionScript 导出"复选框,"在帧 1 中导出"复选框也随之被选中,在"标识符"文本框中输入"one",如图 6-187 所示。单击"确定"按钮,英文诗歌教学片头制作完成,按 Ctrl+Enter 组合键即可查看效果。

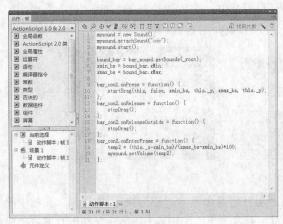

图 6-186　　　　　　　　　　　图 6-187

6.2.4 【相关工具】

◎ 控制声音

步骤 1 新建空白文档。选择"文件 > 导入 > 导入到库"命令,在弹出的"导入到库"对话框中选择"02"声音文件,单击"打开"按钮,文件被导入到"库"面板中,如图 6-188 所示。

步骤 2 使用鼠标右键单击"库"面板中的声音文件,在弹出的菜单中选择"属性"命令,弹出"声音属性"对话框。单击"高级"按钮展开对话框,选中"为 ActionScript 导出"复选框和"在帧 1 中导出"复选框,在"标识符"文本框中输入"music"(此命令在将文件设置为

ActionScript 1.0&2.0 版本时才为可用），如图 6-189 所示，单击"确定"按钮。

步骤 3　选择"窗口 > 公用库 > 按钮"命令，弹出公用库中的按钮"库"面板（此面板是系统所提供的），选中按钮"库"面板中的"playback flat"文件夹中的按钮元件"flat blue play"和"flat blue stop"，如图 6-190 所示。将其拖曳到舞台窗口中，效果如图 6-191 所示。

图 6-188　　　　　图 6-189　　　　　图 6-190　　　　　图 6-191

步骤 4　选择按钮"库"面板中的"classic buttons > Knobs & Faders"文件夹中的按钮元件"fader-gain"，如图 6-192 所示。将其拖曳到舞台窗口中，效果如图 6-193 所示。

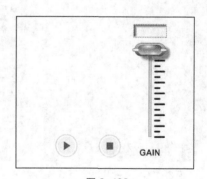

图 6-192　　　　　　　　　　图 6-193

步骤 5　在舞台窗口中选中"flat blue play"按钮实例，在按钮"属性"面板中将"实例名称"设为 bofang，如图 6-194 所示。在舞台窗口中选中"flat blue stop"按钮实例，在按钮"属性"面板中将"实例名称"设为 tingzhi，如图 6-195 所示。

图 6-194　　　　　　　　　　图 6-195

步骤 6 选中"flat blue play"按钮实例,选择"窗口 > 动作"命令,弹出"动作"面板,在面板的左上方将脚本语言设置为 ActionScript 1.0&2.0 版本,在"脚本窗口"中设置以下脚本语言:

```
on (press) {
        mymusic.start();
        _root.bofang._visible=false
        _root.tingzhi._visible=true
}
```

"动作"面板中的效果如图 6-196 所示。

选中"flat blue stop"按钮实例,在"动作"面板的"脚本窗口"中设置以下脚本语言:

```
on (press) {
        mymusic.stop();
        _root.tingzhi._visible=false
        _root.bofang._visible=true
}
```

"动作"面板中的效果如图 6-197 所示。

图 6-196

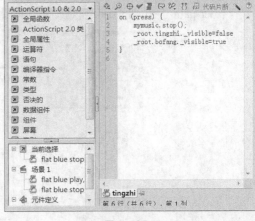

图 6-197

在"时间轴"面板中选中"图层 1"的第 1 帧,在"动作"面板的"脚本窗口"中设置以下脚本语言:

```
mymusic = new Sound();
mymusic.attachSound("music");
mymusic.start();
_root.bofang._visible=false
```

"动作"面板中的效果如图 6-198 所示。

步骤 7 在"库"面板中双击影片剪辑元件"fader-gain",舞台窗口随之转换为影片剪辑元件"fader-gain"的舞台窗口。在"时间轴"面板中选中图层"Layer 4"的第 1 帧,在"动作"面板中显示出脚本语言。将脚本语言的最后一句"sound.setVolume(level)"改为"_root.mymusic.setVolume(level)",如图 6-199 所示。

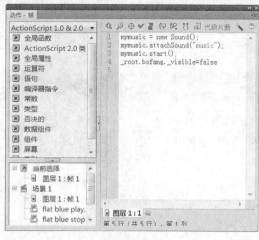

图 6-198

图 6-199

步骤 8 单击舞台窗口左上方的"场景1"图标 ，进入"场景1"的舞台窗口。将舞台窗口中的"flat blue play"按钮实例放置在"flat blue stop"按钮实例的上方，将"flat blue play"按钮实例覆盖，效果如图 6-200 所示。

步骤 9 选中"flat blue stop"按钮实例，选择"修改 > 排列 > 下移一层"命令，将"flat blue stop"按钮实例移动到"flat blue play"按钮实例的下方，效果如图 6-201 所示。按 Ctrl+Enter 组合键即可查看动画效果。

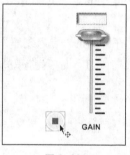

图 6-200

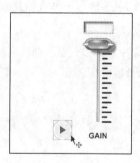

图 6-201

6.2.5 【实战演练】制作面包房宣传片

使用"导入到库"命令将素材图片导入到库面板中；使用声音文件为动画添加背景音乐；使用"创建传统补间"命令制作动画效果；使用"属性"面板和"动作"面板控制声音音量的大小。（最终效果参看光盘中的"Ch06 > 效果 > 制作面包房宣传片"，见图 6-202。）

图 6-202

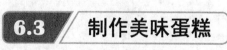

6.3 制作美味蛋糕

6.3.1 【案例分析】

蛋糕是一种面食，一般是以烘烤的方式制作出来的。本例是为喜爱做面点的朋友们介绍的一种蛋糕制作方法。按照本例介绍的配方及制作方法，就可烘烤出松软可口、风味独特的蛋糕。

6.3.2 【设计理念】

在设计制作过程中，背景设计为浅淡的图案，营造出温馨舒适的画面效果。动画中运用了制作蛋糕的整个过程，包括添加面粉、打鸡蛋、搅拌、放进烤箱等操作。最后添加声音特效，使画面变得更加活泼有趣。（最终效果参看光盘中的"Ch06 > 效果 > 制作美味蛋糕"，见图 6-203。）

图 6-203

6.3.3 【操作步骤】

1. 导入素材并制作热气图形

步骤 1 选择"文件 > 新建"命令，在弹出的"新建文档"对话框中选择"ActionScript 3.0"选项，单击"确定"按钮，进入新建文档舞台窗口。按 Ctrl+F3 组合键，弹出文档"属性"面板，单击面板中的"编辑"按钮 编辑...，弹出"文档设置"对话框，将"宽度"选项设为498，"高度"选项设为407，将"背景颜色"选项设为灰色（#000000），单击"确定"按钮，改变舞台窗口的大小。

步骤 2 在"属性"面板中单击"配置文件"选项右侧的"编辑"按钮 编辑...，弹出"发布设置"对话框，选择"播放器"选项下拉列表中的"Flash Player 10"，如图 6-204 所示，单击"确定"按钮完成设置。

步骤 3 选择"文件 > 导入 > 导入到库"命令，在弹出的"导入到库"对话框中选择"Ch09 > 素材 >制作美味蛋糕> 01~20"文件，单击"打开"按钮，文件被导入到"库"面板中，如图 6-205 所示。

图 6-204

图 6-205

步骤 4 按 Ctrl+F8 组合键，弹出"创建新元件"对话框，在"名称"选项的文本框中输入"热气"，在"类型"选项下拉列表中选择"图形"选项，单击"确定"按钮，新建图形元件"热气"，如图6-206所示，舞台窗口也随之转换为图形元件的舞台窗口。

步骤 5 选择"铅笔"工具 ，在工具箱中将"笔触颜色"设为黑色，在舞台窗口中绘制多条曲线，效果如图6-207所示。

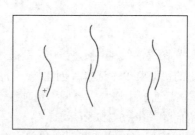

图6-206　　　　　　　　　　　图6-207

2. 制作搅拌器搅拌和钟表效果

步骤 1 单击"新建元件"按钮 ，新建影片剪辑元件"搅拌器动"。将"库"面板中的图形元件"02"拖曳到舞台窗口中，选择"任意变形"工具 ，将其旋转适当角度，效果如图6-208所示。

步骤 2 选中"图层1"的第8帧，按F5键插入普通帧。选中"图层1"的第6帧，按F6键插入关键帧，选择"任意变形"工具 ，在舞台窗口中选中"02"实例，将其旋转适当角度，效果如图6-209所示。

步骤 3 单击"时间轴"面板下方的"新建图层"按钮 ，新建"图层2"。选择"铅笔"工具 ，在铅笔工具"属性"面板，将"笔触"选项设为0.75，在舞台窗口中绘制多条曲线，效果如图6-210所示。

步骤 4 选中"图层2"的第3帧，按F6键插入关键帧，选择"任意变形"工具 ，将其旋转适当角度，效果如图6-211所示。

图6-208　　　　　　图6-209　　　　　　图6-210　　　　　　图6-211

步骤 5 单击"新建元件"按钮 ，新建影片剪辑元件"钟表动"。将"图层1"重命名为"钟表"。将"库"面板中的图形元件"20"拖曳到舞台窗口中，效果如图6-212所示。选中"钟表"图层的第46帧，按F5键插入普通帧，如图6-213所示。

步骤 6 在"时间轴"面板中创建新图层并将其命名为"秒针"。将"库"面板中的图形元件"03"

拖曳到舞台窗口中，效果如图 6-214 所示。选择"任意变形"工具 ，将中心点拖曳到表盘的中心点上，效果如图 6-215 所示。

图 6-212　　　　　图 6-213　　　　　图 6-214　　　　　图 6-215

步骤 7　选中"秒针"图层的第 46 帧，按 F6 键插入关键帧。用鼠标右键单击"秒针"图层的第 1 帧，在弹出的快捷菜单中选择"创建传统补间"命令，生成传统补间动画，如图 6-216 所示。在帧"属性"面板中选择"补间"选项组，在"选转"选项的下拉列表中选择"顺时针"，其他选项的设置如图 6-217 所示。

步骤 8　在"时间轴"面板中创建新图层并将其命名为"圆形"。选择"窗口 > 颜色"命令，弹出"颜色"面板，在"类型"选项的下拉列表中选择"径向渐变"，选中色带上左侧的色块，将其设为白色（#FFFFFF），选中色带上右侧的色块，将其设为绿色（#009900），将"笔触颜色"设为无，生成渐变色，如图 6-218 所示。选择"椭圆"工具 ，按住 Shift 键的同时在舞台窗口适当的位置绘制圆形，效果如图 6-219 所示。

图 6-216　　　　　图 6-217　　　　　图 6-218　　　　　图 6-219

3. 制作添加面粉和打鸡蛋效果

步骤 1　单击"新建元件"按钮，新建影片剪辑元件"动画 1"。将"图层 1"重命名为"红盆"。将"库"面板中的图形元件"04"拖曳到舞台窗口中，效果如图 6-220 所示。选中"红盆"图层的第 224 帧，按 F5 键插入普通帧。

步骤 2　在"时间轴"面板中创建新图层并将其命名为"面粉"。选中"面粉"图层的第 48 帧，按 F6 键插入关键帧。将"库"面板中的图形元件"05"拖曳到舞台窗口中，效果如图 6-221 所示。

步骤 3　在"时间轴"面板中创建新图层并将其命名为"遮罩"。选中"遮罩"图层的第 48 帧，按 F6 键插入关键帧。选择"椭圆"工具，在工具箱中将"笔触颜色"设为无，"填充颜色"设为灰色（#CCCCCC），在舞台窗口中绘制一个椭圆，效果如图 6-222 所示。选中"图层 3"的第 36 帧，按 F6 键插入关键帧。选中"遮罩"图层的第 72 帧，选择"任意变形"

工具 ，将其调整大小，效果如图 6-223 所示。

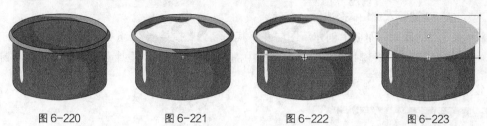

| 图 6-220 | 图 6-221 | 图 6-222 | 图 6-223 |

步骤 4 用鼠标右键单击"遮罩"图层的第 48 帧，在弹出的快捷菜单中选择"创建补间形状"命令，生成补间形状动画，如图 6-224 所示。用鼠标右键单击"遮罩"图层，在弹出的快捷菜单中选择"遮罩层"命令，将"遮罩"图层转换为遮罩层，如图 6-225 所示。

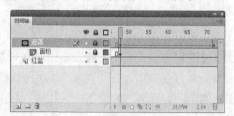

| 图 6-224 | 图 6-225 |

步骤 5 在"时间轴"面板中创建新图层并将其命名为"鸡蛋 1"。选中"鸡蛋 1"图层的第 94 帧，按 F6 键插入关键帧。将"库"面板中的图形元件"06"拖曳到舞台窗口中，效果如图 6-226 所示。

步骤 6 选中"鸡蛋 1"图层的第 118 帧，按 F6 键插入关键帧。选择"选择"工具 ，在舞台窗口中选中"06"实例，按住 Shift 键的同时将其垂直向下拖曳，效果如图 6-227 所示。选中"鸡蛋 1"图层的第 120 帧，按 F7 键插入空白关键帧。

步骤 7 用鼠标右键单击"鸡蛋 1"图层的第 94 帧，在弹出的快捷菜单中选择"创建传统补间"命令，生成传统补间动画，如图 6-228 所示。

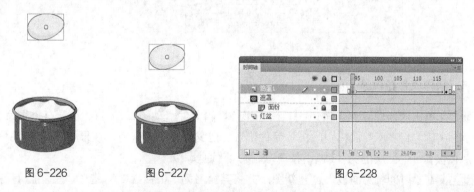

| 图 6-226 | 图 6-227 | 图 6-228 |

步骤 8 在"时间轴"面板中创建新图层并将其命名为"鸡蛋 2"。选中"鸡蛋 2"图层的第 120 帧，按 F6 键插入关键帧。单击"时间轴"面板中的"编辑多个帧"按钮 ，如图 6-229 所示，此时绘图纸标记范围内的帧上的对象将同时显示在舞台窗口中，效果如图 6-230 所示。

步骤 9 将"库"面板中的图形元件"07"拖曳到舞台窗口中，效果如图 6-231 所示。选中"鸡蛋 2"图层的第 140 帧，按 F7 键插入空白关键帧。在"时间轴"面板中创建新图层并将其命名为"鸡蛋 3"。选中"鸡蛋 3"图层的第 140 帧，按 F6 键插入关键帧。将"库"面板中

的图形元件"08"拖曳到舞台窗口中，效果如图 6-232 所示。选中"鸡蛋 3"图层的第 198
帧，按 F7 键插入空白关键帧。

步骤 **10** 在"时间轴"面板中创建新图层并将其命名为"搅拌器"。选中"搅拌器"图层的第 198
帧，按 F6 键插入关键帧。将"库"面板中的影片剪辑元件"搅拌器动"拖曳到舞台窗口中，
效果如图 6-233 所示。

图 6-229 　　　　　图 6-230 　　　图 6-231 　　　图 6-232 　　　图 6-233

步骤 **11** 在"时间轴"面板中创建新图层并将其命名为"面粉"。将"库"面板中的声音文件"09"
拖曳到舞台窗口中。在"时间轴"面板中创建新图层并将其命名为"鸡蛋"，选中"鸡蛋"
图层的第 80 帧，按 F6 键插入关键帧。将"库"面板中的声音文件"10"拖曳到舞台窗口中，
"时间轴"面板上的效果如图 6-234 所示。

步骤 **12** 在"时间轴"面板中创建新图层并将其命名为"动作脚本"。选中"动作脚本"图层的
第 224 帧，按 F6 键插入关键帧。选择"窗口 > 动作"命令，弹出"动作"面板，在面板中
单击"将新项目添加到脚本中"按钮 ，在弹出的菜单中选择"全局函数 > 时间轴控制 >
stop"命令，在"脚本窗口"中显示出选择的脚本语言，如图 6-235 所示。在"动作脚本"
图层的第 224 帧上显示出一个标记"a"。

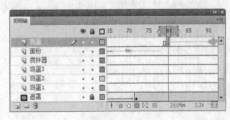 　　　　　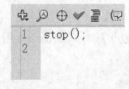

图 6-234 　　　　　　　　　　　　　图 6-235

4. 制作烤蛋糕效果

步骤 **1** 单击"新建元件"按钮 ，新建影片剪辑元件"动画 2"。将"图层 1"重命名为"微
波炉 1"。将"库"面板中的图形元件"11"拖曳到舞台窗口中，效果如图 6-236 所示。选中
"微波炉 1"图层的第 48 帧，按 F5 键插入普通帧。

步骤 **2** 在"时间轴"面板中创建新图层并将其命名为"蛋糕盘 1"。选中"蛋糕盘 1"图层的第
10 帧，按 F6 键插入关键帧。将"库"面板中的图形元件"12"拖曳到舞台窗口中，效果如
图 6-237 所示。

步骤 **3** 选中"蛋糕盘 1"图层的第 36 帧，按 F6 键插入关键帧。选择"任意变形"工具 ，
在舞台窗口中选中"12"实例，按住 Shift 键的同时将其等比缩小并放置到合适的位置，效
果如图 6-238 所示。

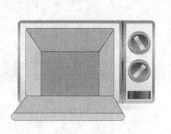
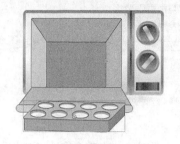
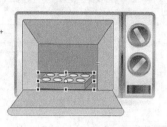

图 6-236　　　　　　　　　　图 6-237　　　　　　　　　　图 6-238

步骤 4　用鼠标右键单击"蛋糕盘 1"的第 10 帧，在弹出的快捷菜单中选择"创建传统补间"命令，生成传统补间动画，如图 6-239 所示。

步骤 5　在"时间轴"面板中创建新图层并将其命名为"微波炉 2"。选中"微波炉 2"图层的第 50 帧，按 F6 键插入关键帧。单击"时间轴"面板中的"编辑多个帧"按钮，绘图纸标记范围内的帧上的对象将同时显示在舞台中。将"库"面板中的图形元件"13"拖曳到舞台窗口中与"12"实例重合的位置，效果如图 6-240 所示。选中"微波炉 2"图层的第 82 帧，按 F5 键插入普通帧。

步骤 6　在"时间轴"面板中创建新图层并将其命名为"钟表"。选中"钟表"图层的第 84 帧，按 F6 键插入关键帧。将"库"面板中的影片剪辑元件"钟表动"拖曳到舞台窗口中，效果如图 6-241 所示。选中"钟表动"图层的第 173 帧，按 F5 键插入普通帧。

图 6-239　　　　　　　　　　图 6-240　　　　　　　　　　图 6-241

步骤 7　在"时间轴"面板中创建新图层并将其命名为"倒进模子"。将"库"面板中的声音文件"14"拖曳到舞台窗口中。在"时间轴"面板中创建新图层并将其命名为"等一会"。选中"等一会"图层的第 84 帧，按 F6 键插入关键帧。将"库"面板中的声音文件"15"拖曳到舞台窗口中。在"时间轴"面板中创建新图层并将其命名为"时间"。选中"时间"图层的第 90 帧，按 F6 键插入关键帧。将"库"面板中的声音文件"16"拖曳到舞台窗口中，"时间轴"面板上的效果如图 6-242 所示。

步骤 8　在"时间轴"面板中创建新图层并将其命名为"动作脚本"。选中"动作脚本"图层的第 173 帧，按 F6 键插入关键帧。选择"窗口 > 动作"命令，弹出"动作"面板，在面板中单击"将新项目添加到脚本中"按钮，在弹出的菜单中选择"全局函数 > 时间轴控制 > stop"命令，在"脚本窗口"中显示出选择的脚本语言，如图 6-243 所示。在"动作脚本"图层的第 173 帧上显示出一个标记"a"。

步骤 9　单击"新建元件"按钮，新建影片剪辑元件"动画 3"。将"图层 1"重新命名为"蛋糕盘 2"。将"库"面板中的图形元件"17"拖曳到舞台窗口中，效果如图 6-244 所示。选中"蛋糕盘 2"图层的第 38 帧，按 F5 键插入普通帧。

中等职业教育数字艺术类规划教材

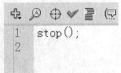

图 6-242   图 6-243   图 6-244

步骤 10 在"时间轴"面板中创建新图层并将其命名为"热气"。将"库"面板中的图形元件"热气"拖曳到舞台窗口中，效果如图 6-245 所示。选中"热气"图层的第 38 帧，按 F6 键插入关键帧。选择"选择"工具，在舞台窗口中选中"热气"实例，按住 Shift 键的同时将其垂直向上拖曳，并在图形"属性"面板中选择"色彩效果"选项组，在"样式"选项的下拉列表中选择"Alpha"，将其值设为 0，效果如图 6-246 所示。

步骤 11 用鼠标右键单击"热气"图层的第 1 帧，在弹出的快捷菜单中选择"创建传统补间"命令，生成传统补间动画，如图 6-247 所示。

图 6-245   图 6-246   图 6-247

步骤 12 在"时间轴"面板中创建新图层并将其命名为"各种蛋糕"。选中"各种蛋糕"图层的第 42 帧，按 F6 键插入关键帧。将"库"面板中的图形元件"18"拖曳到舞台窗口中，效果如图 6-248 所示。选中"各种蛋糕"图层的第 66 帧，按 F6 键插入关键帧。选中"各种蛋糕"图层的第 42 帧，在舞台窗口中选中"18"实例，在图形"属性"面板中选择"色彩效果"选项组，在"样式"选项的下拉列表中选择"Alpha"，将其值设为 0。

步骤 13 用鼠标右键单击"各种蛋糕"图层的第 42 帧，在弹出的快捷菜单中选择"创建传统补间"命令，生成传统补间动画，如图 6-249 所示。选中"各种蛋糕"图层的第 90 帧，按 F5 键插入普通帧。

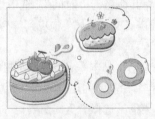

图 6-248   图 6-249

步骤 14 在"时间轴"面板中创建新图层并将其命名为"烤好了"，将"库"面板中的声音文件"19"拖曳到舞台窗口中。

步骤 15 在"时间轴"面板中创建新图层并将其命名为"动作脚本"。选中"动作脚本"图层的第 90 帧，按 F6 键插入关键帧。选择"窗口 > 动作"命令，弹出"动作"面板，在面板中单击"将新项目添加到脚本中"按钮 ，在弹出的菜单中选择"全局函数 > 时间轴控制 > stop"命令，在"脚本窗口"中显示出选择的脚本语言，如图 6-250 所示。在"动作脚本"图层的第 90 帧上显示出一个标记"a"，如图 6-251 所示。

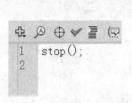

图 6-250　　　　　　　　　　图 6-251

步骤 16　单击舞台窗口左上方的"场景 1"图标 ，进入"场景 1"的舞台窗口。将"图层 1"重命名为"底纹"。将"库"面板中的位图"01"拖曳到舞台窗口中，效果如图 6-252 所示。选中"底纹"图层的第 521 帧，按 F5 键插入普通帧，如图 6-253 所示。

图 6-252　　　　　　　　　　图 6-253

步骤 17　在"时间轴"面板中创建新图层并将其命名为"动画 1"。将"库"面板中的影片剪辑元件"动画 1"拖曳到舞台窗口中，效果如图 6-254 所示。选中"动画 1"图层的第 221 帧，按 F7 键插入空白关键帧。

步骤 18　在"时间轴"面板中创建新图层并将其命名为"动画 2"。选中"动画 2"图层的第 221 帧，按 F6 键插入关键帧。将"库"面板中的影片剪辑元件"动画 2"拖曳到舞台窗口中，选择"任意变形"工具 ，调整大小并放置到适当的位置，效果如图 6-255 所示。选中"动画 2"图层的第 415 帧，按 F7 键插入空白关键帧。

图 6-254　　　　　　　　　　图 6-255

步骤 19　在"时间轴"面板中创建新图层并将其命名为"动画 3"。选中"动画 3"图层的第 415 帧，按 F6 键插入关键帧。将"库"面板中的影片剪辑元件"动画 3"拖曳到舞台窗口中，选择"任意变形"工具 ，调整大小并放置到适当的位置，效果如图 6-256 所示。

步骤 20　在"时间轴"面板中创建新图层并将其命名为"动作脚本"。选中"动作脚本"图层的第 521 帧，按 F6 键插入关键帧。选择"窗口 > 动作"命令，弹出"动作"面板，在面板中单击"将新项目添加到脚本中"按钮，在弹出的菜单中选择"全局函数 > 时间轴控制 > stop"命令，在"脚本窗口"中显示出选择的脚本语言，如图 6-257 所示。在"动作脚本"图层的第 90 帧上显示出一个标记"a"。美味蛋糕制作完成，按 Ctrl+Enter 组合键即可查看效果，如图 6-258 所示。

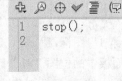

图 6-256　　　　　　　　　　图 6-257　　　　　　　　　　图 6-258

6.3.4　【相关工具】

◎　绘图纸（洋葱皮）功能

一般情况下，在 Flash CS5 舞台上只能显示当前帧中的对象。如果希望在舞台上出现多帧对象以帮助当前帧对象的定位和编辑，Flash CS5 提供的绘图纸（洋葱皮）功能可以将其实现。

在时间轴面板下方的按钮功能如下。

"帧居中"按钮：单击此按钮，播放头所在帧会显示在时间轴的中间位置。

"绘图纸外观"按钮：单击此按钮，时间轴标尺上出现绘图纸的标记显示，如图 6-259 所示，在标记范围内的帧上的对象将同时显示在舞台中，如图 6-260 所示。可以用鼠标拖动标记点来增加显示的帧数，如图 6-261 所示。

图 6-259　　　　　　　　　　图 6-260　　　　　　　　　　图 6-261

"绘图纸外观轮廓"按钮：单击此按钮，时间轴标尺上出现绘图纸的标记显示，如图 6-262 所示。在标记范围内的帧上的对象将以轮廓线的形式同时显示在舞台中，如图 6-263 所示。

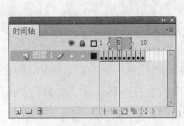

图 6-262　　　　　　　　　　图 6-263

"编辑多个帧"按钮：单击此按钮，如图 6-264 所示，绘图纸标记范围内的帧上的对象将同时显示在舞台中，可以同时编辑所有的对象，如图 6-265 所示。

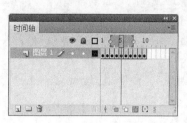

图 6-264

图 6-265

"修改绘图纸标记"按钮：单击此按钮，弹出下拉菜单，如图 6-266 所示。

"始终显示标记"命令：选择此命令，在时间轴标尺上总是显示出绘图纸标记。

"锚定绘图纸"命令：选择此命令，将锁定绘图纸标记的显示范围，移动播放头将不会改变显示范围，如图 6-267 所示。

图 6-266

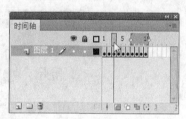

图 6-267

"绘图纸 2"命令：选择此命令，绘图纸标记显示范围为当前帧的前 2 帧开始，到当前帧的后 2 帧结束，如图 6-268 所示，图形的显示效果如图 6-269 所示。

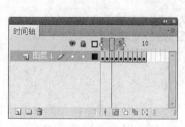

图 6-268

图 6-269

"绘图纸 5"命令：选择此命令，绘图纸标记显示范围为当前帧的前 5 帧开始，到当前帧的后 5 帧结束，如图 6-270 所示，图形的显示效果如图 6-271 所示。

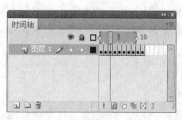

图 6-270

图 6-271

"所有绘图纸"命令：选择此命令，绘图纸标记显示范围为时间轴中的所有帧，如图 6-272 所示，图形的显示效果如图 6-273 所示。

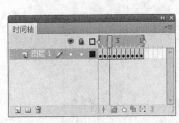

图 6-272

图 6-273

6.3.5　【实战演练】制作时装节目包装片头

使用矩形工具和椭圆工具绘制图形制作动感的背景效果；使用文本工具添加主题文字；使用任意变形工具施转文字的角度；使用动作面板设置脚本语言。（最终效果参看光盘中的"Ch06 > 效果 > 制作时装节目包装片头"，见图 6-274。）

图 6-274

6.4　综合演练——制作公益系列宣传片

6.4.1　【案例分析】

公益宣传片是为公众谋利益和提高福利待遇为目的而设计的，是企业或社会团体向消费者阐明它对社会的功能和责任，具有社会的效益性、主题的现实性和表现的号召性 3 大特点。本例要求宣传片能够直接明确的表达宣传主题。

6.4.2　【设计理念】

在设计过程中，使用灰黄色的背景点名环境污染的危害，使用灯泡造型替换飞舞的热气球，很好地传达了环保的宣传理念，绿色起伏的草地以及新生的嫩芽使画面充满了希望，并且带给人对未来环境保护的憧憬。

6.4.3　【知识要点】

使用矩形工具和"颜色"面板制作光晕效果；使用"关键帧"命令制作帧动画效果；使用文本工具添加标题文字；使用"创建传统补间"命令制作补间动画效果；使用声音文件添加背景音乐。（最终效果参看光盘中的"Ch06 > 效果 > 制作公益系列宣传片"，见图 6-275。）

图 6-275

6.5 综合演练——制作动画片片头

6.5.1 【案例分析】

动画是一种综合艺术，它是集合了绘画、漫画、电影、数字媒体、摄影、音乐、文学等众多艺术门类于一身的艺术表现形式，一部动画的制作需要很大的努力，而动画的片头在动画的制作里也占有很重要的作用，本例要求体现出动画片中的主旨精神。

6.5.2 【设计理念】

在设计制作过程中，浅淡的土黄色背景营造出踏实沉稳的氛围，给人脚踏实地的感觉，起到衬托的效果；3 个骑自行车飞奔的少年充满动力与希望，展现出勇往直前、不断进取的精神；红绿蓝三色形成的渐变文字与人物颜色相呼应，让人印象深刻。

6.5.3 【知识要点】

使用线条工具制作旧电影效果；使用"属性"面板改变元件的不透明度；使用"帧"命令延长动画的播放时间；使用"创建传统补间"命令制作动画效果；使用声音文件添加背景音乐。（最终效果参看光盘中的"Ch06 > 效果 > 制作动画片片头"，见图 6-276。）

图 6-276

第7章 网页应用

应用 Flash 技术制作的网页打破了以往静止、呆板的网页形式，它将网页与动画、音效和视频相结合，使其变得丰富多彩并增强了交互性。本章以多个主题的网页为例，介绍网页的设计构思和制作方法。读者通过本章的学习，可以掌握网页设计的要领和技巧，从而制作出不同风格的网页作品。

课堂学习目标

- 了解网页的表现手法
- 掌握网页的设计思路和流程
- 掌握网页的制作方法和技巧

7.1 制作化妆品网页

7.1.1 【案例分析】

化妆品网页主要是对化妆品的产品系列和功能特色进行生动的介绍，其中包括图片和详细的文字讲解。网页的设计上力求表现出化妆品的产品特性，营造出淡雅的时尚文化品位。

7.1.2 【设计理念】

在设计制作过程中，整体界面颜色以明度高的基调为主，表现出恬静的氛围。界面背景以时尚简洁的花纹效果来衬托，使界面的文化感和设计感更强。制作的标签栏能很好地和化妆品产品进行呼应，在设计理念上强化了产品的性能和特点。（最终效果参看光盘中的"Ch07 > 效果 > 制作化妆品网页"，见图 7-1。）

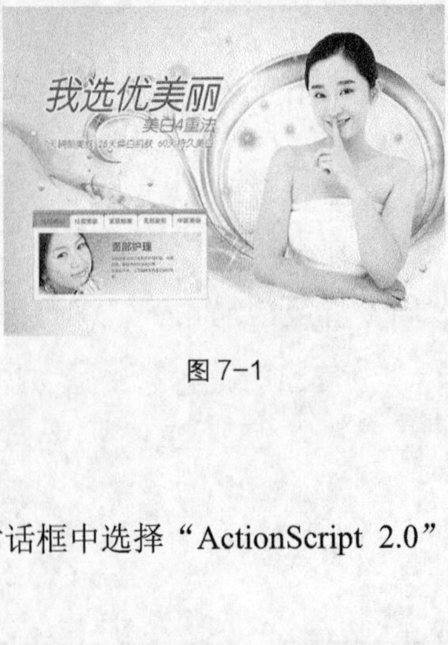

图 7-1

7.1.3 【操作步骤】

1. 绘制标签

步骤 1 选择"文件 > 新建"命令，在弹出的"新建文档"对话框中选择"ActionScript 2.0"

选项，单击"确定"按钮，进入新建文档舞台窗口。按 Ctrl+F3 组合键，弹出文档"属性"面板，单击面板中的"编辑"按钮 编辑...，弹出"文档属性"对话框，将"宽度"选项设为600，"高度"选项设为434，将"背景颜色"设为橙色（#FF9900），单击"确定"按钮，改变舞台窗口的大小。

步骤 2　选择"文件 > 导入 > 导入到库"命令，在弹出的"导入到库"对话框中选择"Ch07 > 素材 > 制作化妆品网页 > 01~07"文件，单击"打开"按钮，文件被导入到"库"面板中，如图 7-2 所示。

步骤 3　在"库"面板下方单击"新建元件"按钮，弹出"创建新元件"对话框，在"名称"选项的文本框中输入"标签"，在"类型"选项的下拉列表中选择"图形"，单击"确定"按钮，新建图形元件"标签"，如图 7-3 所示，舞台窗口也随之转换为图形元件的舞台窗口。

图 7-2　　　　　　　　图 7-3

步骤 4　选择"基本矩形"工具，在基本矩形工具"属性"面板中将"笔触颜色"设为无，"填充颜色"设为白色，其他选项的设置如图 7-4 所示。在舞台窗口中绘制一个圆角矩形，效果如图 7-5 所示。

图 7-4　　　　　　　　图 7-5

步骤 5　按 Ctrl+F8 组合键，弹出"创建新元件"对话框，在"名称"选项的文本框中输入"按钮"，在"类型"选项下拉列表中选择"按钮"选项，单击"确定"按钮，新建按钮元件"按钮"，如图 7-6 所示，舞台窗口也随之转换为按钮元件的舞台窗口。

步骤 6　选中"图层 1"的"点击"帧，按 F6 键插入关键帧，如图 7-7 所示。将"库"面板中的图形元件"标签"拖曳到舞台窗口中适当的位置，效果如图 7-8 所示。

中等职业教育数字艺术类规划教材

图 7-6　　　　　　　图 7-7　　　　　　　图 7-8

2. 制作影片剪辑

步骤 1 按 Ctrl+F8 组合键，弹出"创建新元件"对话框，在"名称"选项的文本框中输入"图片动"，在"类型"选项的下拉列表中选择"影片剪辑"选项，单击"确定"按钮，新建影片剪辑元件"图片动"，如图 7-9 所示，舞台窗口也随之转换为影片剪辑元件的舞台窗口。

步骤 2 将"图层 1"重新命名为"底图"。将"库"面板中的位图"07"拖曳到舞台窗口中适当的位置，效果如图 7-10 所示。选中"底图"图层的第 10 帧，按 F5 键插入普通帧。

 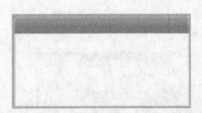

图 7-9　　　　　　　　　图 7-10

步骤 3 单击"时间轴"面板下方的"新建图层"按钮，创建新图层并将其命名为"标签"。将"库"面板中的图形元件"标签"向舞台窗口中拖曳 4 次，使各实例保持同一水平高度，效果如图 7-11 所示。

步骤 4 选择"选择"工具，将 5 个标签同时选中，按 Ctrl+C 组合键复制标签。创建新图层并将其命名为"标签 2"。按 Ctrl+Shift+V 组合键将复制的标签原位粘贴，按 Ctrl+B 组合键将图形打散。在工具箱中将"填充颜色"设为蓝绿色（#19E7DF），舞台窗口中的效果如图 7-12 所示。

图 7-11　　　　　　　　　图 7-12

步骤 `5`　选中"标签 2"图层的第 4 帧、第 6 帧、第 8 帧和第 10 帧，按 F6 键插入关键帧，如图 7-13 所示。选中"标签 2"图层的第 3 帧、第 5 帧、第 7 帧和第 9 帧，按 F7 键插入空白关键帧，如图 7-14 所示。

图 7-13　　　　　　　　　　　　　　图 7-14

步骤 `6`　选中"标签 2"图层的第 1 帧，选择"选择"工具，选中不需要的标签如图 7-15 所示，按 Delete 键将其删除，效果如图 7-16 所示。选中"标签 2"的第 2 帧，按 F6 键插入关键帧。

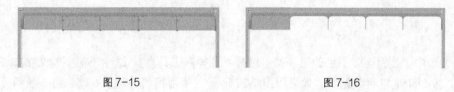

图 7-15　　　　　　　　　　　　　　图 7-16

步骤 `7`　选中"标签 2"图层的第 4 帧，选择"选择"工具，选中不需要的标签如图 7-17 所示，按 Delete 键将其删除，效果如图 7-18 所示。使用相同的对第 6 帧、第 8 帧和第 10 帧中的"标签"实例进行操作。

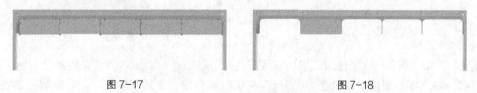

图 7-17　　　　　　　　　　　　　　图 7-18

步骤 `8`　单击"时间轴"面板下方的"新建图层"按钮，创建新图层并将其命名为"按钮名称"。选择"文本"工具，在文本工具"属性"面板中进行设置，在舞台窗口中适当的位置输入大小为 8、字体为"方正兰亭粗黑简体"的蓝色（#0099CC）文字，文字效果如图 7-19 所示。

步骤 `9`　选择"选择"工具，选中文字，按 Ctrl+C 组合键复制文字。创建新图层并将其命名为"按钮名"。按 Ctrl+Shift+V 组合键将复制的文字原位粘贴，在工具箱中将"填充颜色"设为白色，效果如图 7-20 所示。

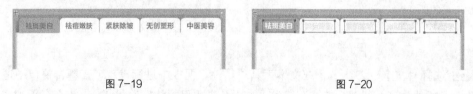

图 7-19　　　　　　　　　　　　　　图 7-20

步骤 `10`　选中"按钮名"图层的第 2 帧、第 4 帧、第 6 帧、第 8 帧和第 10 帧，按 F6 键插入关键帧，如图 7-21 所示。选中"按钮名"图层的第 3 帧、第 5 帧、第 7 帧和第 9 帧，按 F7 键插入空白关键帧，如图 7-22 所示。

步骤 11 选择"选择"工具 ，用鼠标右键单击"按钮名"的第 1 帧，在弹出的快捷菜单中选择"清除帧"命令，将帧里的文字全部删除，效果如图 7-23 所示。

图 7-21 图 7-22 图 7-23

步骤 12 选中"按钮名"图层的第 2 帧，选择"选择"工具 ，选中不需要的文字如图 7-24 所示，按 Delete 键将其删除，效果如图 7-25 所示。

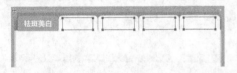 

图 7-24 图 7-25

步骤 13 选中"按钮名"图层的第 4 帧，选择"选择"工具 ，选中不需要的文字如图 7-26 所示，按 Delete 键将其删除，效果如图 7-27 所示。使用相同的对第 6 帧、第 8 帧和第 10 帧中的"文字"实例进行操作。

图 7-26 图 7-27

步骤 14 单击"时间轴"面板下方的"新建图层"按钮 ，创建新图层并将其命名为"产品介绍"。将"库"面板中的位图"02.jpg"拖曳到舞台窗口中适当的位置，效果如图 7-28 所示。

步骤 15 选择"文本"工具 ，在文本工具"属性"面板中进行设置，在舞台窗口中适当的位置输入大小为 14、字体为"方正兰亭粗黑简体"的深蓝色（#0078CF）文字，文字效果如图 7-29 所示。

图 7-28 图 7-29

步骤 16 选择"文本"工具 ，在文本工具"属性"面板中进行设置，在舞台窗口中适当的位置输入大小为 5、行距为 2、字体为"方正兰亭粗黑简体"的浅蓝色（#668C9B）文字，文字效果如图 7-30 所示。选中"产品介绍"的第 3 帧，按 F7 键插入空白关键帧，如图 7-31 所示。

图 7-30　　　　　　　　　　　　　　图 7-31

步骤 17　将"库"面板中的位图"03.jpg"拖曳到舞台窗口中适当的位置，效果如图 7-32 所示。选择"文本"工具 $\boxed{T}$，在文本工具"属性"面板中进行设置，在舞台窗口中适当的位置输入大小为 14、字体为"方正兰亭粗黑简体"的深蓝色（#0078CF）文字，文字效果如图 7-33 所示。再次在舞台窗口中输入大小为 5、行距为 2、字体为"方正兰亭粗黑简体"的浅蓝色（#668C9B）文字，文字效果如图 7-34 所示。使用相同的分别对第 5 帧、第 7 帧和第 9 帧中添加图片和文字。

图 7-32　　　　　　　　　　　图 7-33　　　　　　　　　　　图 7-34

步骤 18　在"时间轴"面板中创建新图层并将其命名为"按钮"。将"库"面板中的按钮元件"按钮"向舞台窗口中拖曳 4 次，分别与各彩色标签重合，效果如图 7-35 所示。

步骤 19　选中左边数第 1 个按钮，选择"窗口 > 动作"命令，弹出"动作"面板，在动作面板中设置脚本语言（脚本语言的具体设置可以参考附带光盘中的实例原文件），"脚本窗口"中显示的效果如图 7-36 所示。

```
1  on (release) {
2      gotoAndPlay(2);
3
4  }
5
```

图 7-35　　　　　　　　　　　　　图 7-36

步骤 20　用步骤 18 的方法对其他按钮设置脚本语言，只需将脚本语言"gotoAndPlay"后面括号中的数字改成相应的帧数即可，如图 7-37、图 7-38、图 7-39 和图 7-40 所示。

```
1  on (release) {
2      gotoAndPlay(4);
3
4  }
```

```
1  on (release) {
2      gotoAndPlay(6);
3
4  }
```

```
1  on (release) {
2      gotoAndPlay(8);
3
4  }
```

```
1  on (release) {
2      gotoAndPlay(10);
3
4  }
```

图 7-37　　　　　　　　図 7-38　　　　　　　　図 7-39　　　　　　　　图 7-40

步骤 21 在"时间轴"面板中创建新图层并将其命名为"动作脚本"。选中"动作脚本"图层的第 1 帧，调出"动作"面板，在动作面板中设置脚本语言，"脚本窗口"中显示的效果如图 7-41 所示。设置好动作脚本后，关闭"动作"控制面板，在"动作脚本"图层的第 1 帧上显示出一个标记"a"。分别选中"动作脚本"的第 2~10 帧，按 F6 键分别插入关键帧。用相同的方法为每一帧添加脚本语言，如图 7-42 所示。

图 7-41

图 7-42

3. 制作场景动画

步骤 1 单击舞台窗口左上方的"场景 1"图标 ，进入"场景 1"的舞台窗口。将"图层 1"重命名为"底图"。将"库"面板中的位图"01.jpg"拖曳到舞台窗口中心位置，效果如图 7-43 所示。

步骤 2 在"时间轴"面板中创建新图层并将其命名为"图片按钮"。将"库"面板中的影片剪辑元件"图片动"拖曳到舞台窗口中适当的位置，效果如图 7-44 所示。化妆品网页效果制作完成，按 Ctrl+Enter 组合键即可查看效果，如图 7-45 所示。

图 7-43

图 7-44

图 7-45

7.1.4 【相关工具】

◎ 按钮事件

新建空白文档，选择"文件 > 打开"命令，在弹出的"打开"对话框中选择"基础素材 > Ch07 > 01"文件，单击"打开"按钮文件被打开，如图 7-46 所示。

选择"选择"工具 ，在舞台窗口中选中按钮实例，选择"窗口 > 动作"命令，弹出"动作"面板，在面板的左上方将脚本语言版本设置为"ActionScript 1.0&2.0"，在面板中单击"将新项目添加到脚本中"按钮 ，在弹出的菜单中选择"全局函数 > 影片剪辑控制 > on"命令，如图 7-47 所示。

图 7-46

在"脚本窗口"中显示出选择的脚本语言，在下拉列表中列出了多种按钮事件，如图7-48所示。

图7-47

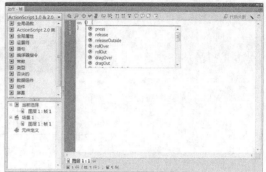

图7-48

press（按下）：按钮被按下的事件。

release（弹起）：按钮被按下后，弹起时的动作，即鼠标按键被释放时的事件。

releaseOutside（在按钮外放开）：将按钮按下后，移动鼠标指针到按钮外面，然后再释放鼠标的事件。

rollOver（指针经过）：鼠标指针经过目标按钮时的事件。

rollOut（指针离开）：鼠标指针进入目标按钮，然后再离开的事件。

dragOver（拖曳指向）：第1步，选中按钮，并按住鼠标左键不放；第2步，继续按住鼠标左键并拖曳鼠标到按钮的外面；第3步，将鼠标指针再移回到按钮上。

dragOut（拖曳离开）：单击按钮后，按住鼠标左键不放，然后拖曳离开按钮的事件。

keyPress（键盘按下）：当按下键盘上的键时事件发生。在下拉列表中系统设置了多个键盘按键名称，可以根据需要进行选择。

7.1.5　【实战演练】制作房地产网页

使用矩形工具、文本工具和颜色面板制作按钮元件；使用遮罩命令制作遮罩效果；使用传统补间命令制作传统补间动画；使用动作面板添加动作脚本。（最终效果参看光盘中的"Ch07 > 效果 > 制作房地产网页"，见图7-49。）

图7-49

7.2　制作 VIP 登录界面

7.2.1　【案例分析】

本例是为丹优服饰设计的会员登录界面，网站会员可以浏览更多的品牌信息，了解更多的新产品及介绍。网页的设计上力求表现出网站丰富的服饰产品，营造出优雅时尚的氛围。

7.2.2　【设计理念】

在设计制作过程中，白色背景显得时尚简洁，营造出淡雅柔和的氛围。粉色图形的添加，为画面添加了活泼的女性气息，给人浪漫和幸福感。导航栏的结构清晰明确，显示出网站丰富的内容。简洁的登录信息设计，大方直观，时尚又不是魅力，让人印象深刻。（最终效果参看光盘中的

"Ch07 > 效果 > 制作 VIP 登录界面",见图 7-50。)

图 7-50

7.2.3 【操作步骤】

1. 导入素材并制作按钮

步骤 1 选择"文件 > 新建"命令,在弹出的"新建文档"对话框中选择"ActionScript 2.0"选项,单击"确定"按钮,进入新建文档舞台窗口。按 Ctrl+F3 组合键,弹出文档"属性"面板,单击面板中的"编辑"按钮 编辑... ,弹出"文档设置"对话框,将"宽度"选项设为600,"高度"选项设为 404,单击"确定"按钮,改变舞台窗口的大小。

步骤 2 在"属性"面板中,单击"发布"选项后面的按钮,弹出"发布设置"对话框,选择"播放器"选项下拉列表中的"Flash Player 7",如图 7-51 所示,单击"确定"按钮。

步骤 3 将"图层 1"重命名为"底图"。选择"文件 > 导入 > 导入到库"菜单命令,在弹出的"导入到库"对话框中选择"Ch11 > 素材 > 制作 VIP 登录界面 > 01、02、03、04"文件,文件被导入到"库"面板中,如图 7-52 所示。

图 7-51

图 7-52

步骤 4 按 Ctrl+F8 组合键,弹出"创建新元件"对话框,在"名称"选项的文本框中输入"登录",在"类型"选项下拉列表中选择"按钮"选项,单击"确定"按钮,新建按钮元件"登录",如图 7-53 所示,舞台窗口也随之转换为按钮元件的舞台窗口。

步骤 5 将"库"面板中的图形元件"元件 2"拖曳到舞台窗口中,效果如图 7-54 所示。单击"时间轴"面板下方的"新建图层"按钮 ,创建新图层并将其命名为"文字"。选择"文本"工具 T,在文本工具"属性"面板中进行设置,在舞台窗口中适当的位置输入大小为 12、字体为"方正兰亭特黑简体"的白色文字,文字效果如图 7-55 所示。

图 7-53　　　　　　　　　图 7-54　　　　　　　　　图 7-55

步骤 6　选择"图层 1"的"指针经过"帧，按 F5 键插入普通帧，选中"文字"图层的"指针经过"帧，按 F6 键插入关键帧，在工具箱中将"填充颜色"设为黄色（#FFFF99），效果如图 7-56 所示。

步骤 7　用相同的方制作按钮元件"清除"、"返回"，如图 7-57、图 7-58 所示。

图 7-56　　　　　　　　　图 7-57　　　　　　　　　图 7-58

2. 添加动作脚本

步骤 1　单击舞台窗口左上方的"场景 1"图标 ，进入"场景 1"的舞台窗口。将"库"面板中的位图"01"拖曳到舞台窗口中，效果如图 7-59 所示。单击"时间轴"面板下方的"新建图层"按钮 ，创建新图层并将其命名为"按钮"。分别将"库"面板中的按钮元件"登录"、"清除"拖曳到舞台窗口中，并放置到适当的位置，效果如图 7-60 所示。

图 7-59　　　　　　　　　　　　　图 7-60

步骤 `2` 单击"时间轴"面板下方的"新建图层"按钮 ，创建新图层并将其命名为"输入文本框"。选择"文本"工具 ，调出文本"属性"面板，选中"文本类型"选项下拉列表中的"输入文本"，在舞台窗口中绘制一个文本框，如图 7-61 所示。

步骤 `3` 选中文本框，在文本工具"属性"面板中选择"选项"选项组，在"变量"文本框中输入"yonghuming"，如图 7-62 所示。

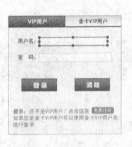

图 7-61　　　　　　　　　　　　图 7-62

步骤 `4` 选择"选择"工具 ，选中文本框，按住 Alt 键的同时拖曳鼠标到适当的位置，复制文本框，如图 7-63 所示。在文本工具"属性"面板中选择"选项"选项组，在"变量"文本框中输入"mima"，如图 7-64 所示。

图 7-63　　　　　　　　　　　　图 7-64

步骤 `5` 选中"输入文本框"图层的第 1 帧，选择"窗口 > 动作"命令，弹出"动作"面板，在面板中单击"将新项目添加到脚本中"按钮 ，在弹出的菜单中选择"全局函数 > 时间轴控制 > stop"命令。在"脚本窗口"中显示出选择的脚本语言，如图 7-65 所示。设置好动作脚本后，关闭"动作"面板。在"动作脚本"图层的第 1 帧上显示出一个标记"a"。

步骤 `6` 单击"时间轴"面板下方的"新建图层"按钮 ，创建新图层并将其命名为"密码错误页"。选中"密码错误页"的第 2 帧，按 F6 键插入关键帧，将"库"面板中的位图"03"拖曳到舞台窗口中，效果如图 7-66 所示。

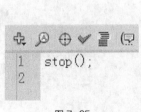

图 7-65　　　　　　　　　　　　图 7-66

步骤 7 选择"文本"工具 T，在文本工具"属性"面板中进行设置，在舞台窗口中适当的位置输入大小为 13、字体为"黑体"的黑色文字，文字效果如图 7-67 所示。将"库"面板中的按钮元件"返回"拖曳到舞台窗口中，效果如图 7-68 所示。

步骤 8 选中"密码错误页"的第 2 帧，选择"窗口 > 动作"命令，弹出"动作"面板，在面板中单击"将新项目添加到脚本中"按钮 ，在弹出的菜单中选择"全局函数 > 时间轴控制 > stop"命令。在"脚本窗口"中显示出选择的脚本语言，如图 7-69 所示。设置好动作脚本后，关闭"动作"面板。在"动作脚本"图层的第 2 帧上显示出一个标记"a"。

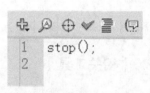

图 7-67　　　　　　　　　　图 7-68　　　　　　　　　　图 7-69

步骤 9 选中"密码错误页"的第 3 帧，按 F7 键插入空白关键帧，将"库"面板中的位图"04"拖曳到舞台窗口中，效果如图 7-70 所示。

步骤 10 选中"密码错误页"的第 3 帧，选择"窗口 > 动作"命令，弹出"动作"面板，在面板中单击"将新项目添加到脚本中"按钮 ，在弹出的菜单中选择"全局函数 > 时间轴控制 > stop"命令。在"脚本窗口"中显示出选择的脚本语言，如图 7-71 所示。设置好动作脚本后，关闭"动作"面板。在"动作脚本"图层的第 3 帧上显示出一个标记"a"。

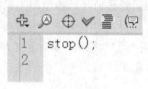

图 7-70　　　　　　　　　　　　　　图 7-71

步骤 11 选中"按钮"图层的第 1 帧，在舞台窗口中选择"登录"实例，选择"窗口 > 动作"命令，弹出"动作"面板，在"动作"面板中设置脚本语言，"脚本窗口"中显示的效果如图 7-72 所示。

步骤 12 在舞台窗口中选择"清除"实例，在"动作"面板中设置脚本语言，"脚本窗口"中显示的效果如图 7-73 所示。

```
on (release) {
    if (yonghuming add mima eq "ZLL" add "123456") {
        gotoAndPlay(3);
    } else {
        gotoAndPlay(2);
    }
}
```

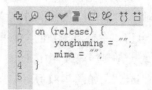

图 7-72　　　　　　　　　　图 7-73

步骤 13 选中"密码错误页"图层的第 2 帧，在舞台窗口中选择"返回"实例，在"动作"面板中设置脚本语言，"脚本窗口"中显示的效果如图 7-74 所示。设置好动作脚本后，关闭"动作"面板。VIP 登录界面制作完成，按 Ctrl+Enter 组合键即可查看，效果如图 7-75 所示。

图 7-74　　　　　　　　图 7-75

7.2.4 【相关工具】

1. 输入文本

选择"输入文本"选项，"属性"面板如图 7-76 所示。

"将文本呈现为 HTML"按钮：文本支持 HTML 标签特有的字体格式、超链接等超文本格式。

"在文本周围显示边框"按钮：可以为文本设置白色的背景和黑色的边框。

"行为"选项：其中新增加了"密码"选项，选择此选项后，当文件输出为 SWF 格式时，影片中的文字将显示为星号。

"最大字符数"选项：可以设置输入文字的最多数值，默认值为 0，即为不限制。如设置数值，此数值即为输出 SWF 影片时，显示文字的最多数目。

"变量"选项：可以将该文本框定义为保存字符串数据的变量，此选项需结合动作脚本使用。

图 7-76

2. 添加使用命令

步骤 1 新建空白文档。选择"文件 > 导入 > 导入到库"命令，将"02"文件导入到"库"面板中。选择"矩形"工具，在矩形"属性"面板中将"笔触颜色"设为深绿色（#336666），"填充颜色"设为淡绿色（#00CCCC），"笔触"选项设为 3，其他选项的设置如图 7-77 所示。在舞台窗口中绘制一个圆角矩形，效果如图 7-78 所示。

步骤 2 选择"文本"工具，调出文本工具"属性"面板，在"文本类型"选项的下拉列表中选择"输入文本"，其他选项的设置如图 7-79 所示。

步骤 3 在舞台窗口中拖曳出长的文本框，输入文字"输入密码"，效果如图 7-80 所示。选择"选择"工具，在舞台窗口中选择文本框，在输入文本"属性"面板中的"实例名称"文本框中输入"info"，如图 7-81 所示。

步骤 4 单击舞台窗口的任意地方，取消对动态文本的选择。选择"文本"工具，在文本工具"属性"面板中的"文本类型"选项的下拉列表中选择"输入文本",其他选项值不变,在文字"输入密码"的下方拖曳出一个文本框,效果如图 7-82 所示。

图 7-77

图 7-78

图 7-79

图 7-80

图 7-81

图 7-82

步骤 5 选择"选择"工具 ，选中刚拖曳出的文本框,在文本工具"属性"面板中的"实例名称"文本框中输入"secret",选择"段落"选项组,在"行为"选项的下拉列表中选择"密码"。单击"在文本周围显示边框"按钮 ，如图 7-83 所示。

步骤 6 按 Ctrl+F8 组合键,弹出"创建新元件"对话框,在"名称"选项的文本框中输入"确定",在"类型"选项下拉列表中选择"按钮"选项,单击"确定"按钮,新建按钮元件"确定",舞台窗口也随之转换为按钮元件的舞台窗口。选择"矩形"工具 ，在工具"属性"面板中将"笔触颜色"设为黄色（#FFCC00）,"填充颜色"设为亮绿色（#7DFFFF）,"笔触"选项设为 2,其他选项的设置如图 7-84 所示。在舞台窗口中绘制一个圆角矩形,效果如图 7-85 所示。

图 7-83

图 7-84

图 7-85

步骤 7 选择"文本"工具 T，在文本工具"属性"面板中进行设置，在"文本类型"选项的下拉列表中选择"静态文本"，在舞台窗口中适当的位置输入大小为 34、字体为"汉仪中隶书简"的黑色文字，文字效果如图 7-86 所示。

步骤 8 选中"图层 1"的"指针经过"帧，按 F6 键插入关键帧。选择"选择"工具 ，在舞台窗口中选择"确定"文字，在工具箱中将"填充颜色"设为红色（#D52424），文字颜色也随之改变，效果如图 7-87 所示。单击舞台窗口左上方的"场景 1"图标 场景 1，进入"场景 1"的舞台窗口。将"库"面板中的按钮元件"确定"拖曳到舞台窗口中，效果如图 7-88 所示。

图 7-86　　　　　　　　图 7-87　　　　　　　　图 7-88

步骤 9 选择"窗口 > 动作"命令，弹出"动作"面板（其快捷键为 F9 键），在面板的左上方将脚本语言版本设置为"ActionScript 1.0&2.0"，在"脚本窗口"中设置以下脚本语言：

```
on (release) {
        if(secret.text=="1234")          //其中"1234"表示输入的正确密码信息
{gotoAndPlay(2);}
else
{secret.text="";
times=times-1;
info.text="密码错误！还有"+times+"次机会的";
}
if(times==0) gotoAndStop(3);
}
```

"动作"面板中的效果如图 7-89 所示。

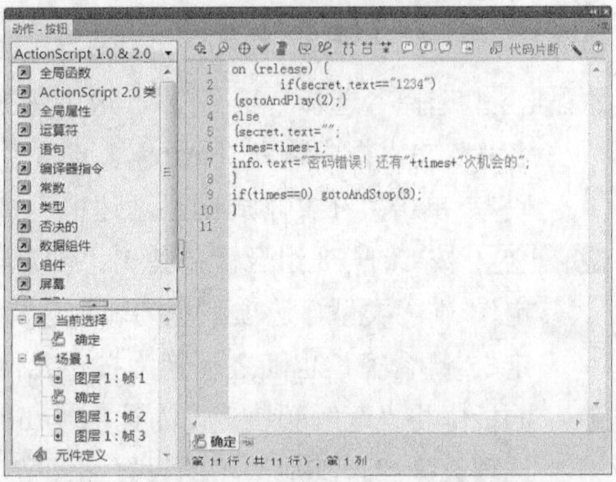

图 7-89

步骤 10 分别选中"图层 1"图层的第 2 帧、第 3 帧，按 F7 键插入空白关键帧。选中第 2 帧，将"库"面板中的位图"02"拖曳到舞台窗口中，效果如图 7-90 所示。选中第 3 帧，选择"文本"工具 T，在文本工具"属性"面板中进行设置，在"文本类型"选项的下拉列表中选择"静态文本"，在舞台窗口中适当的位置输入大小为 34、字体为"汉仪中隶书简"的黑色文字，文字效果如图 7-91 所示。

步骤 11 选中"图层 1"的第 1 帧，选择"窗口 > 动作"命令，弹出"动作"面板，在"脚本窗口"中设置以下脚本语言：

```
stop( );
var times=5;
```

"动作"面板中的效果如图 7-92 所示。

图 7-90

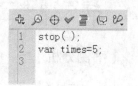

图 7-92

步骤　12　选中"图层 1"的第 2 帧，在"脚本窗口"中设置脚本语言，效果如图 7-93 所示。选中"时间轴"面板中的第 3 帧，在"脚本窗口"中设置脚本语言，效果如图 7-94 所示。"时间轴"面板中的效果如图 7-95 所示。

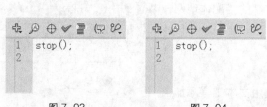

图 7-93　　　　　　　　图 7-94

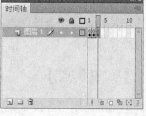

图 7-95

步骤　13　按 Ctrl+Enter 组合键即可查看动画效果。在动画开始界面的密码框中输入密码，效果如图 7-96 所示。当密码输入正确时，可以看"02"，效果如图 7-97 所示。当密码输入错误时，会出现提醒语句，效果如图 7-98 所示。

此动画设定 5 次重新输入密码的机会，当 5 次都输入错误时，会出现提示语句，表示已经不能再重新输入密码，效果如图 7-99 所示。

图 7-96

图 7-97

图 7-98

图 7-99

7.2.5　【实战演练】制作会员登录界面

使用颜色面板和矩形工具绘制按钮效果；使用文本工具添加输入文本框；使用动作面板为按钮组件添加脚本语言。（最终效果参看光盘中的"Ch07 > 效果 > 制作会员登录界面"，见图 7-100。）

图 7-100

7.3 综合演练——制作精品购物网页

7.3.1 【案例分析】

目前网上购物的种类越来越多，各种购物网页也随之出现，本例要求在设计上注意界面的美观和布局的合理搭配，操作方式简单合理，方便用户的浏览和交易。

7.3.2 【设计理念】

在设计制作过程中，使用红黄作为网页的主要色彩，为页面营造出热闹欢乐的氛围，同时给人时尚、精致和品位感；将导航栏放在上面的，从而有利于用户的浏览和交易；通过图形和文字的搭配体现网页设计的时尚和乐趣。

7.3.3 【知识要点】

使用椭圆工具绘制引导线效果；使用文本工具添加文字效果；使用任意变形工具改变图形的大小；使用动作面板设置脚本语言。（最终效果参看光盘中的"Ch07 > 效果 > 制作精品购物网页"，见图 7-101。）

图 7-101

7.4 综合演练——制作教育网页

7.4.1 【案例分析】

教育网页的设计要围绕教育主题，主要针对少年儿童的教育问题，所以设计上既要简单又要充满乐趣，以直观的方式传达教育理念。

7.4.2 【设计理念】

在设计制作过程中，画面采用淡雅柔和的色彩营造出温馨、舒适的氛围；两个可爱的孩子与手绘的插画相结合使画面充满童真童趣；画面大片的留白使视觉中心点更加集中，突出宣传的主体；简洁的用登录窗口方便用户操作。

7.4.3 【知识要点】

使用矩形工具绘制按钮图形；使用文本工具创建输入文本框；使用脚本语言控制页面的变化。（最终效果参看光盘中的"Ch07 > 效果 > 制作教育网页"，见图 7-102。）

图 7-102

在 Flash CS5 中，系统预先设定了组件、幻灯片、引导层等功能来协助用户制作动画，从而提高制作效率。本章将分别介绍组件、幻灯片和引导层的分类及使用方法。读者通过本章的学习，可以了解并掌握如何应用系统的自带功能高效地完成教学课件、幻灯片和游戏的制作。

课堂学习目标

- 了解教学组件和游戏的表现手法
- 掌握教学组件和游戏的设计思路和流程
- 掌握教学组件和游戏的制作方法和技巧

8.1　制作脑筋急转弯问答题

8.1.1　【案例分析】

脑筋急转弯问答是一种新型的网络信息交流服务平台，它以互动的形式提供脑筋急转弯问答及分享个人知识的服务。

8.1.2　【设计理念】

在设计制作过程中，整体界面采用手绘插画的形式制作，画面干净清爽，富有童趣，表现出活泼、轻松的氛围。明亮的色彩使观看者耳目一新。通过制作好的问答题目选项和按钮来点明设计的主题，完成交互设计。（最终效果参看光盘中的"Ch08 > 效果 > 制作脑筋急转弯问答题"，见图 8-1。）

8.1.3　【操作步骤】

1. 导入素材制作按钮元件

图 8-1

步骤 1 选择"文件 > 新建"命令，在弹出的"新建文档"对话框中选择"ActionScript 2.0"选项，单击"确定"按钮，进入新建文档舞台窗口。按 Ctrl+F3 组合键，弹出文档"属性"面板，单击面板中的"编辑"按钮 编辑... ，弹出"文档属性"对话框，将"宽度"选项设为 600，"高度"选项设为 434，将"背景颜色"选项设为灰色（#CCCCCC），单击"确定"按钮，改变舞台窗口的大小。

步骤 2 将"图层 1"重命名为"底图"。选择"文件 > 导入 > 导入到舞台"命令，在弹出的"导入"对话框中选择"Ch08 > 素材 > 制作脑筋急转弯问答题 > 01"文件，单击"打开"按钮，文件被导入到舞台窗口中，效果如图 8-2 所示。选中"底图"图层的第 3 帧，按 F5 键插入普通帧，如图 8-3 所示。

步骤 3 按 Ctrl+F8 组合键，弹出"创建新元件"对话框。在"名称"选项的文本框中输入"下一题"，在"类型"选项下拉列表中选择"按钮"选项，单击"确定"按钮，新建按钮元件"下一题"，如图 8-4 所示，舞台窗口也随之转换为箭头元件的舞台窗口。

图 8-2   图 8-3   图 8-4

步骤 4 选择"文本"工具 T，在文本工具"属性"面板中进行设置，在舞台窗口中适当的位置输入大小为 18、字体为"汉仪太极体简"的蓝色（#0033FF）文字，文字效果如图 8-5 所示。

步骤 5 选择"选择"工具 ➤，选中文字，按 Ctrl+C 组合键复制图形，按 Ctrl+Shift+V 组合键将图形粘贴到当前位置。在工具箱中将"填充颜色"设为白色，如图 8-6 所示。选择"修改 > 排列 > 移至底层"命令，将复制的文字移至最底层，按向下和向右方向键微移文字适当的位置，效果如图 8-7 所示。

步骤 6 选中"点击"帧，按 F6 键插入关键帧。选择"矩形"工具 □，在工具箱中将"笔触颜色"设为无，"填充颜色"设为淡黑色（#666666），在舞台窗口中绘制一个矩形，效果如图 8-8 所示。

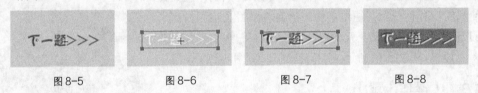

图 8-5   图 8-6   图 8-7   图 8-8

2. 制作动画

步骤 1 单击舞台窗口左上方的"场景 1"图标 场景 1，进入"场景 1"的舞台窗口。在"时间轴"面板中创建新图层并将其命名为"标题"。选择"文本"工具 T，在文本工具"属性"面板中进行设置，在舞台窗口中适当的位置输入大小为 37、字体为"汉仪太极体简"的海蓝色（#092992）文字，文字效果如图 8-9 所示。

步骤 2 选择"选择"工具 ↖，选中文字，按 Ctrl+C 组合键复制文字，按两次 Ctrl+B 组合键将文字打散，按 Esc 键取消文字选取。选择"墨水瓶"工具 🖋，在墨水瓶工具"属性"面板中将"笔触颜色"设为淡蓝色（#B3E5F2），"笔触"选项设为 4，如图 8-10 所示。鼠标光标变为 🖋 形状，在文字外侧单击鼠标，勾画出文字轮廓，效果如图 8-11 所示。

图 8-9　　　　　　　　　　图 8-10　　　　　　　　　　图 8-11

步骤 3 按 Ctrl+Shift+V 组合键将复制的文字原位粘贴，效果如图 8-12 所示。在"时间轴"面板中创建新图层并将其命名为"问题"。在文本工具"属性"面板中进行设置，在舞台窗口中适当的位置输入大小为 16、字体为"汉仪太极体简"的黑色文字，文字效果如图 8-13 所示。

图 8-12　　　　　　　　　　　　　图 8-13

步骤 4 再次输入大小为 15、字体为"汉仪竹节体简"的黑色文字，文字效果如图 8-14 所示。选择"文本"工具 T，调出文本工具"属性"面板，在"文本类型"选项的下拉列表中选择"动态文本"，如图 8-15 所示。

图 8-14　　　　　　　　　　　　　图 8-15

步骤 5 在舞台窗口中文字"答案"的右侧拖曳出一个动态文本框，效果如图 8-16 所示。选中动态文本框，调出动态文本"属性"面板，在"选项"选项组中的"变量"文本框中输入"answer"，如图 8-17 所示。

图 8-16　　　　　　　　　　　　　　　　图 8-17

步骤 6 分别选中"问题"图层的第 2 帧和第 3 帧，按 F6 键插入关键帧。选中第 2 帧，将舞台窗口中的文字"1. 什么门永远关不上？"更改为"2. 什么瓜不能吃？"效果如图 8-18 所示。

步骤 7 选中"问题"图层的第 3 帧，将舞台窗口中文字"1、什么门永远关不上？"更改为"3. 什么车子寸步难行？"效果如图 8-19 所示。在"时间轴"中创建新图层并将其命名为"答案"，如图 8-20 所示。

图 8-18　　　　　　　　　　图 8-19　　　　　　　　　　图 8-20

步骤 8 选择"窗口 > 组件"命令，弹出"组件"面板，选中"User Interface"组中的"Button"组件，如图 8-21 所示。将"Button"组件拖曳到舞台窗口中，并放置在适当的位置，效果如图 8-22 所示。

图 8-21　　　　　　　　　　图 8-22

步骤 9 选中"Button"组件，选择组件"属性"面板，在"组件参数"组中的"label"选项的文本框中输入"确定"，如图 8-23 所示。"Button"组件上的文字变为"确定"，效果如图 8-24 所示。

步骤 10 选中"Button"组件，选择"窗口 > 动作"命令，弹出"动作"面板，在"动作"面板的"脚本窗口"中输入脚本语言，"动作"面板中的效果如图 8-25 所示。选中"答案"图层的第 2 帧、第 3 帧，按 F6 键插入关键帧。

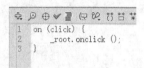

图 8-23　　　　　　　　　图 8-24　　　　　　　　　图 8-25

步骤 11 选中"答案"图层的第 1 帧，在"组件"面板中，选中"User Interface"组中的"CheckBox"组件 ，如图 8-26 所示。将"CheckBox"组件拖曳到舞台窗口中，并放置在适当的位置，效果如图 8-27 所示。

图 8-26　　　　　　　　　　　图 8-27

步骤 12 选中"CheckBox"组件，选择组件"属性"面板，在"实例名称"选项的文本框中输入"xiaomen"，在"组件参数"组中的"label"选项的文本框中输入"校门"，如图 8-28 所示。"CheckBox"组件上的文字变为"校门"，效果如图 8-29 所示。

图 8-28　　　　　　　　　　　图 8-29

步骤 13 用相同的方法再拖曳舞台窗口中的一个"CheckBox"组件，选择组件"属性"面板，在"实例名称"选项的文本框中输入"fangmen"，在"组件参数"组中的"label"选项的文

中等职业教育数字艺术类规划教材

本框中输入"房门",如图 8-30 所示。

步骤 14 再拖曳舞台窗口中的一个"CheckBox"组件,选择组件"属性"面板,在"实例名称"选项的文本框中输入"qiumen",在"组件参数"组中的"label"选项的文本框中输入"球门",如图 8-31 所示。舞台窗口中组件的效果如图 8-32 所示。

图 8-30　　　　　　　　图 8-31　　　　　　　　图 8-32

步骤 15 在舞台窗口中选中组件"校门",在"动作"面板的"脚本窗口"中输入脚本语言,"动作"面板中的效果如图 8-33 所示。在舞台窗口中选中组件"房门",在"动作"面板的"脚本窗口"中输入脚本语言,"动作"面板中的效果如图 8-34 所示。在舞台窗口中选中"球门",在"动作"面板的"脚本窗口"中输入脚本语言,"动作"面板中的效果如图 8-35 所示。

```
1  on (click) {
2      _root.onclick1 ();
3  }
```
```
1  on (click) {
2      _root.onclick2 ();
3  }
```
```
1  on (click) {
2      _root.onclick3 ();
3  }
```

图 8-33　　　　　　　　图 8-34　　　　　　　　图 8-35

步骤 16 选中"答案"图层的第 2 帧,将"组件"面板中的"CheckBox"组件🔲拖曳到舞台窗口中。选择组件"属性"面板,在"实例名称"选项的文本框中输入"shagua",在"组件参数"组中的"label"选项的文本框中输入"傻瓜",如图 8-36 所示。舞台窗口中组件的效果如图 8-37 所示。

图 8-36　　　　　　　　图 8-37

步骤 17 用相同的方法再拖曳舞台窗口中的一个"CheckBox"组件,选择组件"属性"面板,在"实例名称"选项的文本框中输入"xigua",在"组件参数"组中的"label"选项的文本框中输入"西瓜",如图 8-38 所示。

步骤 18 再拖曳舞台窗口中的一个"CheckBox"组件,选择组件"属性"面板,在"实例名称"选项的文本框中输入"huanggua",在"组件参数"组中的"label"选项的文本框中输入"黄瓜",如图 8-39 所示。舞台窗口中组件的效果如图 8-40 所示。

图 8-38

图 8-39

图 8-40

步骤 19 在舞台窗口中选中组件"傻瓜",在"动作"面板的"脚本窗口"中输入脚本语言,"动作"面板中的效果如图 8-41 所示。在舞台窗口中选中组件"西瓜",在"动作"面板的"脚本窗口"中输入脚本语言,"动作"面板中的效果如图 8-42 所示。在舞台窗口中选中"黄瓜",在"动作"面板的"脚本窗口"中输入脚本语言,"动作"面板中的效果如图 8-43 所示。

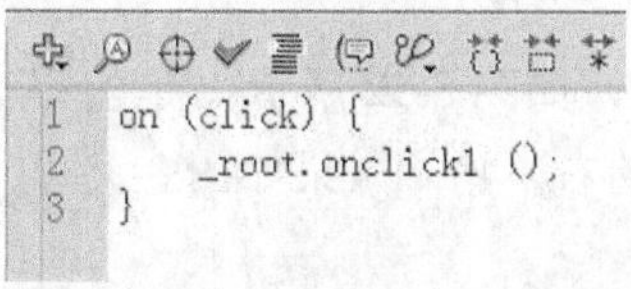

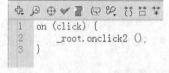

图 8-41

图 8-42

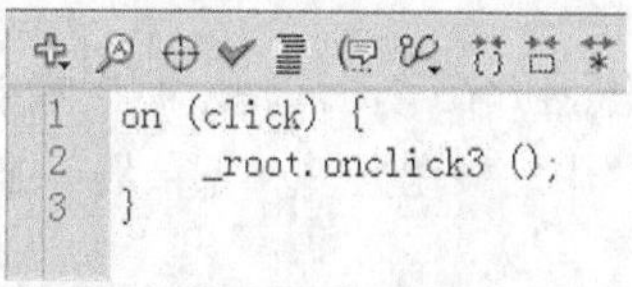

图 8-43

步骤 20 选中"答案"图层的第 3 帧,将"组件"面板中的"CheckBox"组件⊠拖曳到舞台窗口中。选择组件"属性"面板,在"实例名称"选项的文本框中输入"qiche",在"组件参数"组中的"label"选项的文本框中输入"汽车",如图 8-44 所示。舞台窗口中组件的效果如图 8-45 所示。

步骤 21 用相同的方法再拖曳舞台窗口中的一个"CheckBox"组件,选择组件"属性"面板,在"实例名称"选项的文本框中输入"fengche",在"组件参数"组中的"label"选项的文本框中输入"风车",如图 8-46 所示。

图 8-44

图 8-45

图 8-46

步骤 22 再拖曳舞台窗口中的一个"CheckBox"组件,选择组件"属性"面板,在"实例名称"选项的文本框中输入"zixingche",在"组件参数"组中的"label"选项的文本框中输入"自行车",如图 8-47 所示。舞台窗口中组件的效果如图 8-48 所示。

步骤 23 在舞台窗口中选中组件"汽车",在"动作"面板的"脚本窗口"中输入脚本语言,"动作"面板中的效果如图 8-49 所示。在舞台窗口中选中组件"风车",在"动作"面板的"脚本窗口"中输入脚本语言,"动作"面板中的效果如图 8-50 所示。在舞台窗口中选中"自行车",在"动作"面板的"脚本窗口"中输入脚本语言,"动作"面板中的效果如图 8-51 所示。

图 8-47

图 8-48

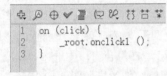

图 8-49

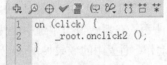

图 8-50

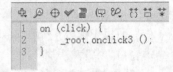

图 8-51

步骤 24 在"时间轴"面板中创建新图层并将其命名为"按钮",如图 8-52 所示。将"库"面板中的按钮元件"下一题"拖曳到舞台窗口中,放置在底图的右下角,效果如图 8-53 所示。

图 8-52

图 8-53

步骤 25 选中"按钮"图层的第 2 帧、第 3 帧,按 F6 键插入关键帧。选中"按钮"图层的第 1 帧,选择"选择"工具 ，在舞台窗口中选择"下一题"实例,选择"窗口 > 动作"命令,弹出"动作"面板,在"动作"面板的"脚本窗口"中输入脚本语言,"动作"面板中的效果如图 8-54 所示。

步骤 26 选中第 2 帧,选中舞台窗口中的"下一题"实例,在"动作"面板的"脚本窗口"中输入脚本语言,"动作"面板中的效果如图 8-55 所示。选中第 3 帧,选中舞台窗口中的"下一题"实例,在"动作"面板的"脚本窗口"中输入脚本语言,"动作"面板中的效果如图 8-56 所示。

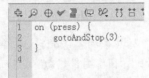

图 8-54   图 8-55

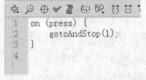

图 8-56

步骤 27 在"时间轴"面板中创建新图层并将其命名为"动作脚本"。选中"动作脚本"图层的第 2 帧、第 3 帧,按 F6 键插入关键帧。选中"动作脚本"图层的第 1 帧,在"动作"面板的"脚本窗口"中输入脚本语言,"动作"面板中的效果如图 8-57 所示。

步骤 28 选中"动作脚本"图层的第 2 帧,在"动作"面板的"脚本窗口"中输入脚本语言,"动作"面板中的效果如图 8-58 所示。

图 8-57

图 8-58

步骤 29 选中"动作脚本"图层的第 3 帧，在"动作"面板的"脚本窗口"中输入脚本语言，"动作"面板中的效果如图 8-59 所示。脑筋急转弯问答题制作完成，按 Ctrl+Enter 组合键即可查看，效果如图 8-60 所示。

图 8-59

图 8-60

8.1.4 【相关工具】

◎ "Button"组件

Button 组件是一个可调整大小的矩形用户界面按钮，可以给按钮添加一个自定义图标，也可以将按钮的行为从按下改为切换。在单击切换按钮后，它将保持按下状态，直到再次单击时才会返回到弹起状态。可以在应用程序中启用或者禁用按钮。在禁用状态下，按钮不接收鼠标或键盘输入。

在"组件"面板中，将 Button 组件拖曳到舞台窗口中，如图 8-61 所示。在"属性"面板中，显示出组件的参数，如图 8-62 所示。

图 8-61   图 8-62

"emphasized"选项：设置组件是否加重显示。

"enabled"选项：设置组件是否为激活状态。

"label"选项：设置组件上显示的文字，默认状态下为"Button"。

"labelPlacement"选项：确定组件上的文字相对于图标的方向。

"selected"选项：如果"toggle"参数值为 true，则该参数指定组件是处于按下状态 true 还是释放状态 false。

"toggle"选项：将组件转变为切换开关。如果参数值为 true，那么按钮在按下后保持按下状态，直到再次按下时才返回到弹起状态；如果参数值为 false，那么按钮的行为与普通按钮相同。

"visible"选项：设置组件的可见性。

◎ "CheckBox"组件

复选框是一个可以选中或取消选中的方框。可以在应用程序中启用或者禁用复选框。如果复选框已启用，用户单击它或者它的名称，复选框会出现对号标记显示为选中状态。如果用户在复选框或其名称上按下鼠标后，将鼠标指针移动到复选框或其名称的边界区域之外，那么复选框没有被选中，也不会出现对号标记。如果复选框被禁用，它会显示其禁用状态，而不响应用户的交互操作。在禁用状态下，按钮不接收鼠标或键盘输入。

在"组件"面板中，将 CheckBox 组件拖曳到舞台窗口中，如图 8-63 所示。在"属性"面板中显示出组件的参数，如图 8-64 所示。

图 8-63   图 8-64

"enabled"选项：设置组件是否为激活状态。

"label"选项：设置组件的名称，默认状态下为"CheckBox"。

CHAPTER 8

"labelPlacement"选项：设置名称相对于组件的位置，默认状态下，名称在组件的右侧。

"selected"选项：将组件的初始值设为选中或取消选中。

"visible"选项：设置组件的可见性。

下面将介绍 CheckBox 组件✔的应用。

将 CheckBox 组件✔拖曳到舞台窗口中，选择"属性"面板，在"label"选项的文本框中输入"春天"，如图 8-65 所示，组件的名称也随之改变，如图 8-66 所示。

用相同的方法再制作 3 个组件，如图 8-67 所示。按 Ctrl+Enter 组合键测试影片，可以随意勾选多个复选框，如图 8-68 所示。

在"labelPlacement"选项中可以选择名称相对于复选框的位置，如果选择"left"，那么名称在复选框的左侧，如图 8-69 所示。

如果勾选"春天"组件的"selected"选项，那么"春天"复选框的初始状态为被选中，如图 8-70 所示。

图 8-65　　　　　　　图 8-66　　　图 8-67　　图 8-68　　图 8-69　　图 8-70

8.1.5 【实战演练】制作西餐厅知识问答

使用文本工具添加文字；使用组件面板添加组件；使用动作面板添加动作脚本。（最终效果参看光盘中的"Ch08 > 效果 > 制作西餐厅知识问答"，见图 8-71。）

图 8-71

8.2 制作飞舞的蒲公英

8.2.1 【案例分析】

飞舞的蒲公英的构思是把它设计成宣传节能环保的公益宣传片，在界面的设计上要体现出低碳、节能的宣传理念。

8.2.2 【设计理念】

在设计制作过程中，以一幅自然风景作为背景，使画面充满自然的气息，蒲公英飞舞的动画效果增加了画面的活泼感和生动性。画面整体以绿色为主，主题明确，在视觉上观看舒适，画面简单精巧，寓教于乐。（最终效果参看光盘中的"Ch08 > 效果 > 制作飞舞的蒲公英"，见图 8-72。）

图 8-72

8.2.3 【操作步骤】

1. 导入图片

步骤 1 选择"文件 > 新建"命令，在弹出的"新建文档"对话框中选择"ActionScript 3.0"选项，单击"确定"按钮，进入新建文档舞台窗口。按 Ctrl+F3 组合键，弹出文档"属性"面板，单击"大小"选项后面的"编辑"按钮 编辑... ，在弹出的对话框中将舞台窗口的宽度设为 505，高度设为 646，将背景颜色设为黑色，单击"确定"按钮。

步骤 2 选择"文件 > 导入 > 导入到库"命令，在弹出的"导入到库"对话框中选择"Ch08 > 素材 > 制作飞舞的蒲公英 > 01"文件，单击"打开"按钮，文件被导入到"库"面板中。在"库"面板中新建图形元件"蒲公英"，如图 8-73 所示，舞台窗口也随之转换为图形元件的舞台窗口。

步骤 3 选择"文件 > 导入 > 导入到舞台"命令，在弹出的"导入"对话框中选择"Ch08 > 素材 > 制作飞舞的蒲公英 > 02"文件，单击"打开"按钮，文件被导入到舞台窗口中，如图 8-74 所示。

步骤 4 选择"窗口 > 变形"命令，弹出"变形"面板，单击"约束"按钮 ，将"缩放宽度"选项设为 32，"缩放高度"选项也随之转换为 32，如图 8-75 所示。按 Enter 键确定，舞台窗口中的效果如图 8-76 所示。

图 8-73 图 8-74 图 8-75 图 8-76

2. 制作蒲公英

步骤 1 单击"新建元件"按钮 ，新建影片剪辑元件"动 1"。在"图层 1"上单击鼠标右键，在弹出的快捷菜单中选择"添加传统运动引导层"命令，效果如图 8-77 所示。选择"铅笔"工具 ，在工具箱中将笔触颜色设为绿色（#00FF00），填充色设为无，在舞台窗口中绘制一条曲线，效果如图 8-78 所示。

步骤 2 选中"图层 1"的第 1 帧，将"库"面板中的图形元件"蒲公英"拖曳到舞台窗口中曲线的下方端点，效果如图 8-79 所示。选中引导层的第 85 帧，按 F5 键在该帧上插入普通帧。

步骤 3 选中"图层 1"的第 85 帧，按 F6 键在该帧上插入关键帧，在舞台窗口中选中"蒲公英"实例，将其拖曳到曲线的上方端点。用鼠标右键单击"图层 1"的第 1 帧，在弹出的快捷菜单中选择"创建传统补间"命令，生成传统补间动画。

步骤 4 单击"新建元件"按钮 ，新建影片剪辑元件"动 2"。在"图层 1"上单击鼠标右键，在弹出的快捷菜单中选择"添加传统运动引导层"命令。选中传统引导层的第 1 帧，选择"铅笔"工具 ，在舞台窗口中绘制一条曲线，效果如图8-80所示。

图8-77　　　　图8-78　　　　图8-79　　　　图8-80

步骤 **5** 选中"图层1"的第1帧，将"库"面板中的图形元件"蒲公英"拖曳到舞台窗口中曲线的下方端点。选中引导层的第83帧，按F5键插入普通帧。选中"图层1"的第83帧，按F6键在该帧上插入关键帧。在舞台窗口中选中"蒲公英"实例，将其拖曳到曲线的上方端点。用鼠标右键单击"图层1"的第1帧，在弹出的快捷菜单中选择"创建传统补间"命令，生成传统补间动画。

步骤 **6** 单击"新建元件"按钮 ，新建影片剪辑元件"动3"。在"图层1"上单击鼠标右键，在弹出的快捷菜单中选择"添加传统运动引导层"命令，效果如图8-81所示。选中传统引导层的第1帧，选择"铅笔"工具 ，在舞台窗口中绘制一条曲线，效果如图8-82所示。

步骤 **7** 选中"图层1"的第1帧，将"库"面板中的图形元件"蒲公英"拖曳到舞台窗口中曲线的下方端点。选中引导层的第85帧，按F5键在该帧上插入普通帧，如图8-83所示。选中"图层1"的第85帧，按F6键在该帧上插入关键帧。在舞台窗口中选中"蒲公英"实例，将其拖曳到曲线的上方端点。

步骤 **8** 用鼠标右键单击"图层1"的第1帧，在弹出的快捷菜单中选择"创建传统补间"命令，生成传统补间动画，如图8-84所示。

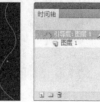

图8-81　　　　图8-82　　　　　图8-83　　　　　　　图8-84

步骤 **9** 单击"新建元件"按钮 ，新建影片剪辑元件"一起动"。将"图层1"重新命名为"1"。分别将"库"面板中的影片剪辑元件"动2"、"动3"向舞台窗口中拖曳2~3次，并调整到合适的大小，效果如图8-85所示。选中"1"图层的第80帧，按F5键在该帧上插入普通帧。

步骤 **10** 在"时间轴"面板中创建新图层并将其命名为"2"。选中"2"图层的第10帧，按F6键在该帧上插入关键帧。分别将"库"面板中的影片剪辑元件"动1"、"动2"、"动3"向舞台窗口中拖曳2~3次，并调整到合适的大小，效果如图8-86所示。

步骤 **11** 继续在"时间轴"面板中创建4个新图层并分别命名为"3"、"4"、"5"、"6"。分别选中"3"图层的第20帧、"4"图层的第30帧、"5"图层的第40帧、"6"图层的第50帧，在选中的帧上按F6键插入关键帧。分别将"库"面板中的影片剪辑元件"动1"、"动2"、"动3"向被选中的帧所对应的舞台窗口中拖曳2~3次，并调整到合适的大小，效果如图8-87所示。

步骤 **12** 在"时间轴"面板中创建新图层并将其命名为"动作脚本"。选中"动作脚本"图层的第 80 帧，按 F6 键在该帧上插入关键帧。选择"窗口 > 动作"命令，弹出"动作"面板，在面板的左上方将脚本语言版本设置为"Action Script 1.0 & 2.0"，在面板中单击"将新项目添加到脚本中"按钮 ，在弹出的菜单中依次选择"全局函数 > 时间轴控制 > stop"命令，在"脚本窗口"中显示出选择的脚本语言，如图 8-88 所示。设置好动作脚本后，关闭"动作"面板。在"动作脚本"图层的第 80 帧上显示出一个标记"a"。

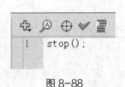

图 8-85　　　　　　图 8-86　　　　　　图 8-87　　　　　　图 8-88

3. 添加文字

步骤 1 单击舞台窗口左上方的"场景 1"图标 ，进入"场景 1"的舞台窗口。将"图层 1"重新命名为"底图"。将"库"面板中的位图"01"拖曳到舞台窗口中，如图 8-89 所示。

步骤 2 在"时间轴"面板中创建新图层并将其命名为"蒲公英"。将"库"面板中的位图"一起动"拖曳到舞台窗口中，选择"任意变形"工具 ，在适当的位置将其调整到合适的大小，效果如图 8-90 所示。

图 8-89　　　　　　　　　　图 8-90

步骤 3 选择"文件 > 导入 > 导入到舞台"命令，在弹出的"导入"对话框中选择"Ch08 > 素材 > 飞舞的蒲公英 > 03"文件，单击"打开"按钮，文件被导入到舞台窗口中，复制图形并调整大小，如图 8-91 所示。

步骤 4 在"时间轴"面板中创建新图层并将其命名为"矩形"。选择"矩形"工具 ，在工具箱中将笔触颜色设为无，填充颜色设为深绿色（#006600），在舞台窗口下方绘制矩形，效果如图 8-92 所示。

图 8-91　　　　　　　　　　图 8-92

步骤 5 在"时间轴"面板中创建新图层并将其命名为"文字"。选择"文本"工具 ，在"属性"面板中进行设置，在舞台窗口中输入深绿色（#006600）文字，如图 8-93 所示。选择"选择"工具 ，选中文字，按 Ctrl+C 组合键复制文字，按两次 Ctrl+B 组合键将文字打散。选择"墨水瓶"工具，在"属性"面板中将笔触颜色设为白色，笔触高度设为 4，在文字上单击鼠标填充边线，效果如图 8-94 所示。

图 8-93 　　　　　　　　　　　　　　图 8-94

步骤 6 按 Ctrl+Shift+V 组合键原位粘贴文字，效果如图 8-95 所示。选择"线条"工具，在"属性"面板中将笔触颜色设为深绿色（#006600），笔触高度设为 2，按住 Shift 键的同时，水平绘制一条直线，如图 8-96 所示。

图 8-95 　　　　　　　　　　　　　　图 8-96

步骤 7 选择"文本"工具，在"属性"面板中进行设置，在舞台窗口中输入深绿色（#006600）文字，如图 8-97 所示。飞舞的蒲公英效果制作完成，按 Ctrl+Enter 组合键即可查看效果，如图 8-98 所示。

图 8-97　　　　　　　　　　　　　　图 8-98

8.2.4　【相关工具】

1. 普通引导层

普通引导层主要用于为其他图层提供辅助绘图和绘图定位，引导层中的图形在播放影片时是不会显示的。

◎ 创建普通引导层

用鼠标右键单击"时间轴"面板中的某个图层，在弹出的快捷菜单中选择"引导层"命令，如图 8-99 所示。该图层转换为普通引导层，此时，图层前面的图标变为 形状，如图 8-100 所示。

图 8-99

还可在"时间轴"面板中选中要转换的图层，选择"修改 > 时间轴 > 图层属性"命令，弹出"图层属性"对话框，在"类型"选项组中选择"引导层"单选项，如图 8-101 所示。单击"确定"按钮，选中的图层转换为普通引导层，此时，图层前面的图标变为 形状，如图 8-102 所示。

图 8-100 图 8-101 图 8-102

◎ 将普通引导层转换为普通图层

如果要播放影片时显示引导层上的对象，还可将引导层转换为普通图层。

用鼠标右键单击"时间轴"面板中的引导层，在弹出的快捷菜单中选择"引导层"命令，如图 8-103 所示。引导层转换为普通图层，此时，图层前面的图标变为 形状，如图 8-104 所示。

图 8-103 图 8-104

还可在"时间轴"面板中选中引导层，选择"修改 > 时间轴 > 图层属性"命令，弹出"图层属性"对话框，在"类型"选项组中选择"一般"单选项，如图 8-105 所示。单击"确定"按钮，选中的引导层转换为普通图层，此时，图层前面的图标变为 形状，如图 8-106 所示。

图 8-105 图 8-106

2. 运动引导层

运动引导层的作用是设置对象运动路径的导向，使与之相链接的被引导层中的对象沿着路径运动，运动引导层上的路径在播放动画时不显示。在运动引导层上还可创建多个运动轨迹，以引导被引导层上的多个对象沿不同的路径运动。要创建按照任意轨迹运动的动画就需要添加运动引导层，但创建运动引导层动画时要求是传统补间动画，形状补间与逐帧动画不可用。

◎ **创建运动引导层**

用鼠标右键单击"时间轴"面板中要添加引导层的图层，在弹出的快捷菜单中选择"添加传统运动引导层"命令，如图 8-107 所示。为图层添加运动引导层，此时引导层前面出现图标，如图 8-108 所示。

图 8-107

图 8-108

提 示 一个引导层可以引导多个图层上的对象按运动路径运动。如果要将多个图层变成某一个运动引导层的被引导层，只需在"时间轴"面板上将要变成被引导层的图层拖曳至引导层下方即可。

◎ **将运动引导层转换为普通图层**

将运动引导层转换为普通图层的方法与普通引导层转换的方法一样，这里不再赘述。

◎ **应用运动引导层制作动画**

打开光盘中的 01 文件，用鼠标右键单击"时间轴"面板中的"图层 1"，在弹出的快捷菜单中选择"添加传统运动引导层"命令，如图 8-109 所示，为"图层 1"添加运动引导层。选择"铅笔"工具，在引导层的舞台窗口中绘制一条曲线，如图 8-110 所示。选择"引导层"的第 60帧，按 F5 键插入普通帧，如图 8-111 所示。

图 8-109

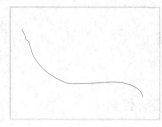

图 8-110

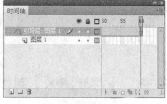

图 8-111

选中"图层 1"的第 1 帧，将"库"面板中的影片剪辑元件"鸟动"拖曳到舞台窗口中，放置在曲线的右端点上，如图 8-112 所示。选中"图层 1"中的第 60 帧，按 F6 键插入关键帧，如图 8-113 所示。将舞台窗口中的"鸟动"实例拖曳到曲线的左端点，如图 8-114 所示。

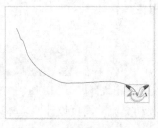

图 8-112

图 8-113

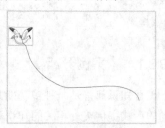

图 8-114

用鼠标右键单击"图层 1"的第 1 帧，在弹出的快捷菜单中选择"创建传统补间"命令，如图 8-115 所示。在"图层 1"中，第 1 帧~第 60 帧生成动作补间动画，如图 8-116 所示。运动引导层动画制作完成。

图 8-115

图 8-116

在不同的帧中，动画显示的效果如图 8-117 所示。按 Ctrl+Enter 组合键测试动画效果，在动画中，曲线将不被显示。

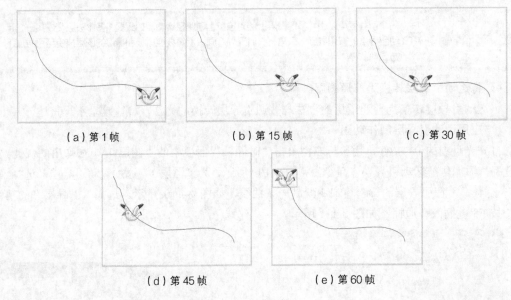

（a）第 1 帧　　　　　（b）第 15 帧　　　　　（c）第 30 帧

（d）第 45 帧　　　　　（e）第 60 帧

图 8-117

8.2.5 【实战演练】制作飘落效果

使用添加传统运动引导层命令添加引导层；使用铅笔工具绘制线条；使用创建传统补间命令制作飘落动画效果。（最终效果参看光盘中的"Ch08 > 效果 > 制作飘落效果"，见图 8-118。）

8.3 综合演练——制作美食知识问答

图 8-118

8.3.1 【案例分析】

美食知识问答是一种多功能具有趣味性的网络信息交流服务平台，它以互动的形式提供美食相关的知识和内容，方便喜爱美食的人士互动交流，网页设计要求体现美食元素和特点。

8.3.2 【设计理念】

在设计制作过程中，网页背景采用清新素雅的黄绿色为背景，给人舒适的感觉；深绿的字体颜色与背景搭配合理自然，识别性强；左下角的食物与整个页面和谐统一，体现网页主题；问答内容在画面的居中位置使人们的观看更加醒目直观。

8.3.3 【知识要点】

使用 CheckBox 组件和 Button 组件制作美食知识问答效果；使用文本工具添加输入文本框制作答案效果。（最终效果参看光盘中的"Ch08 > 效果 > 制作美食知识问答"，见图 8-119。）

图 8-119

8.4 综合演练——制作飞舞的蝴蝶

8.4.1 【案例分析】

简单的动画制作能够丰富页面的视觉效果，本例要求动画的色彩鲜艳明亮，使人感到欢乐与新鲜感。

8.4.2 【设计理念】

在设计制作过程中，蓝天白云的搭配使人心情舒畅；绿色的草地上花草丛生，鲜艳美丽的蘑菇及花朵在画面中占有重要位置，展现出一片生意盎然的景色；翩翩飞舞的蝴蝶设计增加了画面的活泼感，使原本简单的画面变得生动活跃。

8.4.3 【知识要点】

使用帧动画制作蝴蝶飞舞效果；使用添加传统运动引导层命令制作引导层动画效果。（最终效果参看光盘中的"Ch08 > 效果 > 制作飞舞的蝴蝶"，见图 8-120。）

图 8-120

第9章 综合设计实训

本章的综合设计实训案例，是根据商业动漫设计项目真实情境来训练学生如何利用所学知识完成商业动漫设计项目。通过多个动漫设计项目案例的演练，使学生进一步牢固掌握 Flash CS5 的强大操作功能和使用技巧，并应用好所学技能制作出专业的动漫设计作品。

 案例类别

- 卡片设计
- 广告设计
- 电子相册
- 网页应用
- 组件与游戏

9.1 卡片设计——制作春节贺卡

9.1.1 【项目背景及要求】

1. 客户名称

来英科技有限公司。

2. 客户需求

由于春节即将来临，来英科技有限公司要求制作电子贺卡用于与合作伙伴及公司员工联络感情和互致问候，要求具有温馨的祝福语言，浓郁的民俗色彩，以及传统的东方韵味，能够充分表达本公司的祝福与问候。

3. 设计要求

（1）卡片要求运用传统民俗的风格，既传统又具有现代感。

（2）使用具有春节特色的元素装饰画面，丰富画面，使人感受到浓厚的春节气息。

（3）使用红色及黄色等能够烘托节日氛围的色彩，使卡片更加热闹。

（4）设计要求表现出节日的欢庆与热闹的氛围。

（5）设计规格均为 450 px（宽）×300 px（高）。

9.1.2　【项目设计及制作】

1. 设计素材

图片素材所在位置：光盘中的"Ch09 > 素材 > 制作春节贺卡 > 01~05"。

文字素材所在位置：光盘中的"Ch09 > 素材 > 制作春节贺卡 > 文字文档"。

2. 设计作品

设计作品效果所在位置：光盘中的"Ch09 > 效果 > 制作春节贺卡"，如图 9-1 所示。

图 9-1

3. 步骤提示

步骤 1　新建一个文件。选择"文件 > 导入 > 导入到库"命令，在弹出的"导入到库"对话框中选择"Ch13 >素材 > 春节贺卡 > 01~05"文件，单击"打开"按钮，文件被导入到"库"面板中，如图 9-2 所示。分别新建元件并制作文字动画效果，如图 9-3 所示。

图 9-2　　　　　　　　　　　　　　图 9-3

步骤 2　单击舞台窗口左上方的"场景 1"图标 场景 1，进入"场景 1"的舞台窗口。将"图层 1"重新命名为"背景"。将"库"面板中的位图"01"拖曳到舞台窗口中，效果如图 9-4 所示。选中"背景"图层的第 100 帧，按 F5 键插入普通帧。使用相同方法分别创建图层并制作场景动画，如图 9-5 所示。

图 9-4　　　　　　　　　　　　　　图 9-5

步骤 3　在"时间轴"中创建新图层并将其命名为"动作脚本"。选中"动作脚本"图层的第 100

帧，按 F6 键插入关键帧。选择"窗口 > 动作"命令，弹出"动作"面板，在面板的左上方将脚本语言版本设置为"Action Script 1.0 & 2.0"，在面板中单击"将新项目添加到脚本中"按钮 ，在弹出的菜单中依次选择"全局函数 > 时间轴控制 > stop"命令。在"脚本窗口"中显示出选择的脚本语言，如图 9-6 所示。

步骤 **4** 设置好动作脚本后，关闭"动作"面板。在"动作脚本"图层的第 100 帧上显示出一个标记"a"，如图 9-7 所示。春节贺卡效果制作完成，按 Ctrl+Enter 组合键即可查看效果，如图 9-8 所示。

图 9-6   图 9-7   图 9-8

9.2 广告设计——制作音乐广告

9.2.1 【项目背景及要求】

1. 客户名称

莱斯音乐广场有限公司。

2. 客户需求

莱斯音乐广场是一家具有优质音乐、专业的灯光、全方位服务的专业音乐厅，音乐厅需要提高知名度和信誉度，要求针对莱斯音乐广场制作一个专业的宣传广告，在网络上进行宣传，要求制作风格独特，现代感强。

3. 设计要求

（1）广告要求具有动感、展现年轻时尚的朝气。
（2）使用深色的背景，烘托夜晚的魅力，表现音乐厅的独特。
（3）制作闪亮的灯光增加炫动的气氛，要求搭配人物，丰富画面。
（4）整体风格要求画面热烈具有感染力，体现音乐厅的热情与品质。
（5）设计规格均为 600 px（宽）×434 px（高）。

9.2.2 【项目设计及制作】

1. 设计素材

图片素材所在位置：光盘中的"Ch09 > 素材 > 制作音乐广告 > 01~08"。

2. 设计作品

设计作品效果所在位置：光盘中的"Ch09 > 效果 > 制作音乐广告"，如图 9-9 所示。

3. 步骤提示

图 9-9

步骤 1 新建一个文件。选择"文件 > 导入 > 导入到库"命令，在弹出的"导入到库"对话框中选择"Ch13 >素材 > 制作音乐广告 >01~08"文件，单击"打开"按钮，文件被导入到"库"面板中，如图 9-10 所示。

步骤 2 在"库"面板下方单击"新建元件"按钮 ，弹出"创建新元件"对话框，在"名称"选项的文本框中输入"灯光闪"，在"类型"选项的下拉列表中选择"影片剪辑"选项，单击"确定"按钮，新建影片剪辑元件"灯光闪"，如图 9-11 所示，舞台窗口也随之转换为影片剪辑元件的舞台窗口。

步骤 3 选择"颜色"面板，在"类型"选项的下拉列表中选择"径向渐变"，选中色带上左侧的色块，将其设为白色，选中色带上右侧的色块，将其设为黄色（＃FFFF66），生成渐变色，如图 9-12 所示。

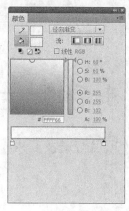

图 9-10   图 9-11   图 9-12

步骤 4 选择"椭圆"工具 ，在舞台窗口中绘制一个椭圆形，效果如图 9-13 所示。选中"图层 1"的第 5 帧和第 10 帧，按 F6 键插入关键帧。

步骤 5 选中第 5 帧，选中"椭圆"实例，选择"颜色"面板，选中色带上右侧的色块，将其设为橙色（＃FF9900），生成渐变色，效果如图 9-14 所示。选中第 10 帧，选中"椭圆"实例，选择"颜色"面板，选中色带上右侧的色块，将其设为绿色（66FF99），生成渐变色，效果如图 9-15 所示。

图 9-13   图 9-14   图 9-15

步骤 6 单击舞台窗口左上方的"场景 1"图标 场景1，进入"场景 1"的舞台窗口。将"图层 1"

重新命名为"底图"。将"库"面板中的位图"01.png"拖曳到舞台窗口的中心位置，效果如图 9-16 所示。选中"底图"图层的第 39 帧，按 F5 键插入帧，如图 9-17 所示。

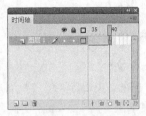

图 9-16　　　　　　　　　　　　　　　图 9-17

步骤 7　使用相同方法分别创建图层并制作场景动画，如图 9-18 所示。音乐广告制作完成，按 Ctrl+Enter 组合键即可查看效果，如图 9-19 所示。

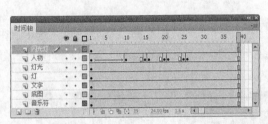

图 9-18　　　　　　　　　　　　　　　图 9-19

9.3　电子相册——制作旅行相册

9.3.1　【项目背景及要求】

1. 客户名称

北京罗曼摄影工作室。

2. 客户需求

北京罗曼摄影工作室是一家专业制作个人写真的工作室，需要制作旅行相册的模板，设计要求以新颖美观的形式进行创意，突出旅行的理念，表现自由、乐观的态度，要具有独特的风格和特点。

3. 设计要求

（1）相册模板要求使用卡通漫画的形式进行制作，使画面活泼生动。

（2）将旅行中的要素提炼概括，在模板中进行体现并点缀画面。

（3）色彩要求使用柔和温暖的色调，符合旅行的感觉。

（4）模板要求能够放置四幅照片，主次分明，视觉流程明确。

（5）设计规格均为 600 px（宽）×450 px（高）。

9.3.2 【项目设计及制作】

1. 设计素材

图片素材所在位置：光盘中的"Ch09 > 素材 > 制作旅行相册 > 01~10"。

文字素材所在位置：光盘中的"Ch09 > 素材 > 制作旅行相册 > 文字文档"。

2. 设计作品

设计作品效果所在位置：光盘中的"Ch09 > 效果 > 制作旅行相册"，如图 9-20 所示。

图 9-20

3. 步骤提示

步骤 1 新建一个文件。选择"文件 > 导入 > 导入到库"命令，在弹出的"导入到库"对话框中选择"Ch09 > 素材 > 制作旅行相册 > 01~10"文件，单击"打开"按钮，文件被导入到"库"面板中，如图 9-21 所示。

步骤 2 在"库"面板中新建按钮元件"大照片 1"，如图 9-22 所示，舞台窗口也随之转换为图形元件的舞台窗口。将"库"面板中的位图"06"文件拖曳到舞台窗口中，效果如图 9-23 所示。用相同方法制作其他图形元件，"库"面板中的显示效果如图 9-24 所示。

图 9-21　　　　　图 9-22　　　　　图 9-23　　　　　图 9-24

步骤 3 单击舞台窗口左上方的"场景 1"图标 ，进入"场景 1"的舞台窗口。将"图层 1"重新命名为"底图"。将"库"面板中的位图"01.jpg"拖曳到舞台窗口的中心位置，效果如图 9-25 所示。选中"底图"图层的第 80 帧，按 F5 键插入普通帧，如图 9-26 所示。

图 9-25　　　　　　　　图 9-26

中等职业教育数字艺术类规划教材

步骤 4 单击"时间轴"面板下方的"新建图层"按钮 ，创建新图层并将其命名为"小照片"。将"库"面板中的按钮元件"小照片 1"拖曳到舞台窗口中，在按钮"属性"面板中，将"X"选项设为 536，"Y"选项设为 271，将实例放置在背景图的右下方，效果如图 9-27 所示。使用相同方法制作其他照片效果，如图 9-28 所示。

图 9-27　　　　　　　　　　　　　图 9-28

步骤 5 在"时间轴"面板中创建新图层并将其命名为"大照片 1"。分别选中"大照片"图层的第 2 帧、第 21 帧，按 F6 键插入关键帧，如图 9-29 所示。选中第 2 帧，将"库"面板中的按钮元件"大照片 1"拖曳到舞台窗口中。选中实例"大照片 1"，在"变形"面板中将"缩放宽度"和"缩放高度"的比例分别设为 41，"旋转"选项设为-13.5°，如图 9-30 所示，将实例缩小并旋转。

步骤 6 在按钮"属性"面板中，将"X"选项设为 536，"Y"选项设为 271，将实例放置在背景图的右下方，效果如图 9-31 所示。分别选中"大照片 1"图层的第 10 帧、第 20 帧，按 F6 键插入关键帧。

图 9-29　　　　　　　　　　图 9-30　　　　　　　　　　图 9-31

步骤 7 选中"大照片"图层的第 10 帧，选中舞台窗口中的"大照片 1"实例，在"变形"面板中将"缩放宽度"和"缩放高度"选项分别设为 100，将"旋转"选项设为 0，将实例放置在舞台窗口的上方，效果如图 9-32 所示。选中第 11 帧，按 F6 键插入关键帧。分别用鼠标右键单击第 2 帧、第 11 帧，在弹出的快捷菜单中选择"创建传统补间"命令，生成传统补间动画，如图 9-33 所示。

步骤 8 选中"大照片"图层的第 10 帧，选择"窗口 > 动作"命令，弹出"动作"面板（其快捷键为 F9）。在面板中单击"将新项目添加到脚本中"按钮 ，在弹出的菜单中选择"全局函数 > 时间轴控制 > stop"命令，在"脚本窗口"中显示出选择的脚本语言，如图 9-34 所示。设置好动作脚本后，在"大照片"图层的第 10 帧上显示出标记"a"。

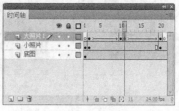

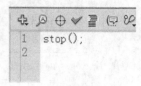

图 9-32	图 9-33	图 9-34

步骤 9 选中舞台窗口中的"大照片 1"实例，在"动作"面板中单击"将新项目添加到脚本中"按钮 ，在弹出的菜单中选择"全局函数 > 影片剪辑控制 > on"命令，如图 9-35 所示。在"脚本窗口"中显示出选择的脚本语言，在下拉列表中选择"press"命令，如图 9-36 所示。

图 9-35	图 9-36

步骤 10 脚本语言如图 9-37 所示。将光标放置在第 1 行脚本语言的最后，按 Enter 键光标显示到第 2 行，如图 9-38 所示。

步骤 11 单击"将新项目添加到脚本中"按钮 ，在弹出的菜单中选择"全局函数 > 时间轴控制 > gotoAndPlay"命令，在"脚本窗口"中显示出选择的脚本语言，在第 2 行脚本语言"gotoAndPlay（）"后面的括号中输入数字 11，如图 9-39 所示。（脚本语言表示：当用鼠标单击"大照片 1"实例时，跳转到第 9 帧并开始播放第 9 帧中的动画。）

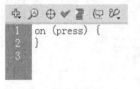

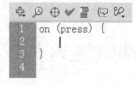

图 9-37	图 9-38	图 9-39

步骤 12 使用相同方法添加其他大照片效果。在"时间轴"面板中创建新图层并将其命名为"文字层"。分别选中"文字"图层的第 10 帧、第 11 帧、第 30 帧、第 31 帧、第 50 帧、第 51 帧、第 70 帧、第 71 帧，按 F6 键插入关键帧。选中"文字"图层的第 10 帧，选择"文本"工具 ，在文本工具"属性"面板中进行设置，在舞台窗口中适当的位置输入大小为 21、字体为"Ballpark"的橘黄色（#FFCC00）文字，文字效果如图 9-40 所示。

步骤 13 用相同的方法在"文字"图层的第 30 帧、第 50 帧、第 70 帧的舞台窗口中输入需要的文字，分别如图 9-41、图 9-42 和图 9-43 所示。

图9-40　　　　　图9-41　　　　　图9-42　　　　　图9-43

步骤14　单击"装饰"图层左边的"锁定"按钮，锁定该图层。选中"小照片"图层的第1帧，在舞台窗口中选中实例"小照片1"，选择"动作"面板，在"动作"面板中设置脚本语言，"脚本窗口"中显示的效果如图9-44所示。在舞台窗口中选中实例"小照片2"，选择"动作"面板，在"动作"面板中设置脚本语言，"脚本窗口"中显示的效果如图9-45所示。

步骤15　在舞台窗口中选中实例"小照片3"，选择"动作"面板，在"动作"面板中设置脚本语言，"脚本窗口"中显示的效果如图9-46所示。

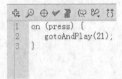 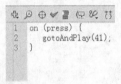

图9-44　　　　　　　图9-45　　　　　　　图9-46

步骤16　在舞台窗口中选中实例"小照片4"，选择"窗口 > 动作"命令，弹出"动作"面板，在"动作"面板中设置脚本语言，"脚本窗口"中显示的效果如图9-47所示。旅行相册制作完成，按Ctrl+Enter组合键即可查看，效果如图9-48所示。

图9-47　　　　　　　　　　图9-48

9.4　网页应用——制作数码产品网页

9.4.1　【项目背景及要求】

1. 客户名称

专业数码商城有限公司。

2. 客户需求

专业数码商城有限公司是一家经营数码产品的大型商场，经营范围广泛，种类丰富，目前需要制作专业数码商城的网站，网站的主要开发目的是利用网络技术，为用户搭建一个快捷稳定的数码产品购物平台，并且能够提升专业数码商城的知名度。

3. 设计要求

（1）网页设计要求使用蓝色作为网站背景，深沉的色彩能够凸显其专业性。

（2）使用独特的设计形式来宣传产品的特性，增添网站的趣味性。

（3）网站的导航栏设计要求简洁直观，便于用户浏览。

（4）文字及图片的搭配主次分明，画面干净。

（5）设计规格均为 650 px（宽）×400 px（高）。

9.4.2 【项目设计及制作】

1. 设计素材

图片素材所在位置：光盘中的"Ch09 > 素材 > 制作数码产品网页 > 01~07"。

文字素材所在位置：光盘中的"Ch09 > 素材 > 制作数码产品网页 > 文字文档"。

2. 设计作品

设计作品效果所在位置：光盘中的"Ch09 > 效果 > 制作数码产品网页"，如图 9-49 所示。

图 9-49

3. 步骤提示

步骤 1　新建一个文件。选择"文件 > 导入 > 导入到库"命令，在弹出的"导入到库"对话框中选择"Ch16 >素材 > 数码产品网页 > 01~07"文件，单击"打开"按钮，文件被导入到"库"面板中，如图 9-50 所示。

步骤 2　新建影片剪辑元件"相机切换"。将"图层 1"重新命名为"框"。选择"矩形"工具，在矩形"属性"面板中将"笔触颜色"设为白，"填充颜色"设为黄绿色（#8FC002），"笔触"选项设为 3，在舞台窗口中绘制一个矩形，效果如图 9-51 所示。

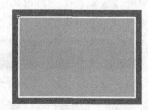

图 9-50　　　　　　　　　图 9-51

步骤 3　选中"框"图层的第 60 帧，按 F5 键插入普通帧。在"时间轴"面板中创建新图层并将其命名为"相机 1"。将"库"面板中的图形元件"元件 4"拖曳到舞台窗口中，并放置在矩形块的右方，效果如图 9-52 所示。选中"相机 1"图层的第 19 帧，按 F7 键插入空白关键帧。使用相同方法分别制作"相机 2"、"相机 3"，如图 9-53 和图 9-54 所示。

图 9-52

图 9-53

图 9-54

步骤 **4** 在"时间轴"面板中创建新图层并将其命名为"文字"。选中"文字"图层的第 1 帧，选择"文本"工具 T，在文本工具"属性"面板中进行设置，在舞台窗口中适当的位置输入大小为 18、字体为"方正兰亭粗黑简体"的白色文字，文字效果如图 9-55 所示。再次在舞台窗口中输入大小为 20、字体为"Benguiat Bk BT"的白色英文，文字效果如图 9-56 所示。

图 9-55

图 9-56

步骤 **5** 单击舞台窗口左上方的"场景 1"图标 场景1，进入"场景 1"的舞台窗口。将"图层 1"重新命名为"蓝色条"。将"库"面板中的影片剪辑元件"蓝色条动 1"向舞台窗口中拖曳 3 次，并分别放置到合适的位置，效果如图 9-57 所示。使用相同方法将其他元件拖曳到舞台窗口中，效果如图 9-58 所示。

图 9-57

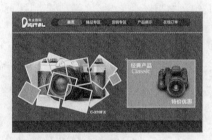
图 9-58

步骤 **6** 在"时间轴"面板中创建新图层并将其命名为"文字"。选择"文本"工具 T，在文本工具"属性"面板中进行设置，在舞台窗口中适当的位置输入大小为 11、字体为"方正兰亭黑简体"的白色文字，文字效果如图 9-59 所示。

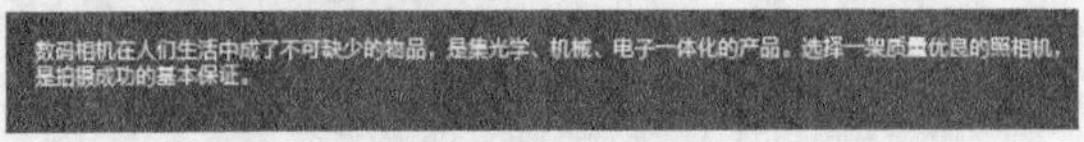

数码相机在人们生活中成了不可缺少的物品，是集光学、机械、电子一体化的产品。选择一架质量优良的照相机，是拍摄成功的基本保证。

图 9-59

步骤 **7** 再次在舞台窗口中输入大小为 12、字体为"方正兰亭黑简体"的浅绿色（#D1E5E7）文字，文字效果如图 9-60 所示。数码产品网页效果制作完成，按 Ctrl+Enter 组合键即可查看，效果如图 9-61 所示。

图 9-60   图 9-61

9.5 组件与游戏——制作打地鼠游戏

9.5.1 【项目背景及要求】

1. 客户名称

普莱游戏有限公司。

2. 客户需求

普莱游戏有限公司是中国领先的网络游戏开发商、运营商和发行商，致力于打造国际化的网游平台。本例需要制作一款新型的打地鼠游戏程序，要求设计操作简单，运行速度快，使用方便，富有乐趣。

3. 设计要求

（1）游戏画面要求造型可爱，画面简洁，形式丰富。

（2）使用鲜艳明快的色彩搭配，使玩家观看时能够被画面吸引。

（3）要求游戏的画面与自然相结合，并且表现出游戏的专业性。

（4）使用与游戏环境紧密结合的色彩，为画面增添自然之感。

（5）设计规格均为 550 px（宽）×400 px（高）。

9.5.2 【项目设计及制作】

1. 设计素材

图片素材所在位置：光盘中的"Ch09 > 素材 > 制作打地鼠游戏 > 01~05"。

文字素材所在位置：光盘中的"Ch09 > 素材 > 制作打地鼠游戏 > 文字文档"。

2. 设计作品

设计作品效果所在位置：光盘中的"Ch09 > 效果 > 制作打地鼠游戏"，如图 9-62 所示。

图 9-62

3. 步骤提示

步骤 1 新建文件。单击"配置文件"右侧的"编辑"按钮 编辑… ，弹出"发布设置"对话框，选择"播放器"选项下拉列表中的"Flash Player 7"，如图 9-63 所示，单击"确定"按钮。

步骤 2 将"图层 1"重命名为"底图"。选择"文件 > 导入 > 导入到库"命令，在弹出的"导入到库"对话框中选择"Ch09 > 素材 > 制作打地鼠游戏 > 01~05"文件，单击"打开"按钮，文件被导入到"库"面板中，如图 9-64 所示。分别新建元件并制作文字动画效果，使用相同方法分别制作其他元件，如图 9-65 所示。

图 9-63   图 9-64   图 9-65

步骤 3 单击舞台窗口左上方的"场景 1"图标 场景 1 ，进入"场景 1"的舞台窗口。将"库"面板中的位图"01"拖曳到舞台窗口中，效果如图 9-66 所示。单击"时间轴"面板下方的"新建图层"按钮 ，创建新图层并将其命名为"老鼠"。将"库"面板中的影片剪辑元件"老鼠出来"向舞台窗口中拖曳多次，并放置到适当的位置，效果如图 9-67 所示。选中"底图"图层的第 10 帧，按 F5 键插入普通帧。

图 9-66   图 9-67

步骤 4 单击"时间轴"面板下方的"新建图层"按钮 ，创建新图层并将其命名为"时间成绩"。选中"时间成绩"图层的第 2 帧，按 F6 键插入关键帧，分别将"库"面板中的影片剪辑元件"时间"、"鼠标"拖曳到舞台窗口中，效果如图 9-68 所示。

步骤 5 分别选中"老鼠出来"实例，调出影片剪辑"属性"面板，在"实例名称"选项的文本框中分别输入"h1"、"h2"、"h3"、"h4"、"h5"、"h6"、"h7"、"h8"。

步骤 6 单击"时间轴"面板下方的"新建图层"按钮 ，创建新图层并将其命名为"鼠标"。分别选中"鼠标"图层的第 2 帧、第 10 帧，在选中的帧上插入关键帧。选中"鼠标"图层的第 2 帧，将"库"面板中的影片剪辑元件"鼠标"拖曳到舞台窗口中，效果如图 9-69 所示。调出影片剪辑"属性"面板,在"实例名称"选项的文本框中输入"shubiao"。

图 9-68　　　　　　　　　　　　　　图 9-69

步骤 7 选中"鼠标"图层的第 2 帧,调出"动作"面板,在动作面板中设置如下脚本语言:

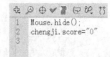

Mouse.hide();

chengji.score="0"

"脚本窗口"中显示的效果如图 9-70 所示。

图 9-70

步骤 8 选中"鼠标"图层的第 10 帧,在"动作"面板中设置如下脚本语言:

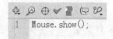

Mouse.show();

"脚本窗口"中显示的效果如图 9-71 所示。

图 9-71

步骤 9 单击"时间轴"面板下方的"新建图层"按钮,新建"图层 7"。选中"图层 7"的第 2 帧,按 F6 键插入关键帧。选中"图层 7"的第 1 帧,将"库"面板中的按钮元件"开始"拖曳到舞台窗口中,效果如图 9-72 所示。在"动作"面板中设置如下脚本语言:

on (press) {

play();

Mouse.hide();

}

"脚本窗口"中显示的效果如图 9-73 所示。

图 9-72 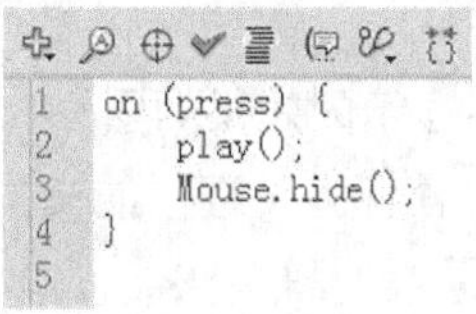　　　　　　　　　　　　　　图 9-73

步骤 10 单击"时间轴"面板下方的"新建图层"按钮,新建"图层 8"。选中"图层 8"的第 10 帧,按 F6 键插入关键帧。将"库"面板中的按钮元件"再玩一次"拖曳到舞台窗口中,效果如图 9-74 所示。在"动作"面板中设置如下脚本语言:

on (press) {

gotoAndPlay(2);

Mouse.hide();

}

“脚本窗口”中显示的效果如图 9-75 所示。

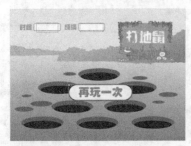

图 9-74

```
on (press) {
    gotoAndPlay(2);
    Mouse.hide();
}
```

图 9-75

步骤 11 在“时间轴”面板中创建新图层并将其命名为“动作脚本”。分别选中“动作脚本”图层的第 2 帧、第 3 帧、第 9 帧、第 10 帧，按 F6 键插入关键帧。选中“动作脚本”图层的第 1 帧，在“动作”面板中设置如下脚本语言：

stop();

在“脚本窗口”中显示出选择的脚本语言。

步骤 12 选中“动作脚本”图层的第 2 帧，在动作面板中设置脚本语言（脚本语言的具体设置可以参考附带光盘中的实例原文件），“脚本窗口”中显示的效果如图 9-76 所示。选中该图层的第 3 帧，在“动作”面板中设置脚本语言，“脚本窗口”中显示的效果如图 9-77 所示。

```
score = "0";
    startDrag("/shubiao", true);
    tellTarget ("/shijian") {
    gotoAndPlay(1);
}
```

图 9-76

```
random = Number(random(8))+1;
tellTarget ("/h" add random) {
    play();
}
```

图 9-77

步骤 13 选中“动作脚本”图层的第 9 帧，在“动作”面板中设置如下脚本语言：

gotoAndPlay(3);

“脚本窗口”中显示的效果如图 9-78 所示。

步骤 14 选中“动作脚本”图层的第 10 帧，在“动作”面板中设置如下脚本语言：

stopDrag();

stop();

“脚本窗口”中显示的效果如图 9-79 所示。设置好动作脚本后，关闭“动作”面板。调出帧“属性”面板，在“帧标签”选项的文本框中输入“over”。打地鼠游戏制作完成，按 Ctrl+Enter 组合键即可查看效果，如图 9-80 所示。

```
gotoAndPlay(3);
```

图 9-78

```
stopDrag();
stop();
```

图 9-79

图 9-80

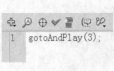

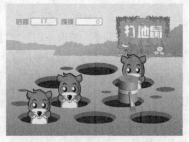